高职高专"十二五"规划教材

电加工技术应用

朱根元　等编著

化学工业出版社

·北京·

本书主要讲授慢走丝线切割编程技术、慢走丝线切割机床的操作、电火花成型加工技术及电火花成型加工机床的操作。主要内容包括：电加工基本理论、Twincad/WTCAM^{TM} 编程软件应用、慢走丝线切割机床操作、电火花成型加工参数确定及机床操作。电火花机床以 FORM 20 为教学机床，慢走丝线切割以夏米尔 FI240SLP 为教学机床。

本书可以作为高职高专在校生的电加工技术应用类课程教材，也可作为具有一定专业知识的机械加工技术人员或相关培训机构的培训教材或参考资料。

图书在版编目（CIP）数据

电加工技术应用 / 朱根元等编著. —北京：化学工业出版社，2013.7
高职高专"十二五"规划教材
ISBN 978-7-122-17681-3

Ⅰ.①电… Ⅱ.①朱… Ⅲ.①电火花加工-高等职业教育-教材 Ⅳ.①TG661

中国版本图书馆 CIP 数据核字（2013）第 137558 号

责任编辑：韩庆利　　　　　　　　装帧设计：孙远博
责任校对：王素芹

出版发行：化学工业出版社（北京市东城区青年湖南街 13 号　邮政编码 100011）
印　　装：三河市延风印装厂
787mm×1092mm　1/16　印张 12¼　字数 304 千字　2013 年 9 月北京第 1 版第 1 次印刷

购书咨询：010-64518888（传真：010-64519686）　售后服务：010-64518899
网　　址：http://www.cip.com.cn

凡购买本书，如有缺损质量问题，本社销售中心负责调换。

定　　价：25.00 元　　　　　　　　　　　　　　　　　　　　版权所有　违者必究

前　言

随着机械加工业及模具工业的快速发展，电加工在其中已扮演越来越重要的角色，特别是近年来的慢走丝线切割加工设备的越来越普及，为这个行业注入了新的活力，电加工设备已成为模具加工业的必备装备。想要成为一名合格的电火花成型加工和慢走丝线切割加工的工程技术人员，必须在工作中积累相当的经验。本书的编写目的是能为立志于从事电加工的人员提供一本参考材料，使他们能尽早成为一名合格技术人员。

本书主要讲授电火花成型加工及慢走丝线切割加工的原理及机床的操作以及慢走丝线切割编程技术。电火花机床以 FORM 20 为教学机床；线切割以 240SLP 为教学机床。编程软件以统达公司的 Twincad/WTCAM^{TM} 的 V3.2.008 版本为蓝本。

FORM 20 电火花成型加工机床和 FI240SLP 电火花线切割加工机床都是瑞士夏米尔公司生产的精密电加工产品，在整个工模具制造业的供应系统中处于领导先锋的地位。鉴于其在我国一些合资或独资企业中有一定的普及率，在教学设备选型时，我们充分考虑了这一点。而编程软件则以中国台湾统达电脑股份有限公司的 Twincad/WTCAM^{TM} 的 V3.2.008 版本为教学软件，此版本是该软件的最新版本，选用这款软件不仅是由于其与 AutoCAD 有相当的亲和力，使用者对操作界面有似曾相识的感觉，易学易用，而且是因为这款软件在我国已相当普及，在慢走丝线切割行业中知名度较高，但市场上出版的相应资料却很少。本书的出版也许能填补这个空缺。

本书可以作为高职高专在校生的电加工课程教材，也可作为具有中专以上文化程度的机械技术人员或相关培训机构的培训教材，并可作为相关技术人员的参考资料。

本书第 1~7 章由苏州工业园区职业技术学院朱根元编写，第 8~12 章由苏州工业园区职业技术学院於星编写。本书在编写过程中得到了统达电脑（昆山）有限公司钱思平主任（高级工程师）及阿奇夏米尔机电（上海）有限公司苏州办事处的冯国新、曹兵锋主任的鼎力协助，在此表示感谢！

本书有配套电子课件，可免费赠送给用书院校和老师，如有需要可发邮件到 hqlbook@126.com 索取。

由于水平有限，书中不足之处恳请读者批评指正。

编　者

目　　录

第1篇　慢走丝线切割加工

第1章　电火花加工原理 … 2
1.1　电火花技术介绍 … 2
  1.1.1　电火花加工的基本原理 … 2
  1.1.2　脉冲放电过程 … 3
  1.1.3　极性效应 … 5
1.2　电火花加工工艺中的基本规律 … 5
  1.2.1　影响材料放电腐蚀量的主要因素 … 5
  1.2.2　加工速度和工具电极的损耗速度 … 6
  1.2.3　影响电火花加工精度的主要因素 … 6
1.3　电火花加工的特点、适用范围、缺点及分类 … 7
  1.3.1　电火花加工的特点、适用范围 … 7
  1.3.2　电火花加工的缺点 … 7
  1.3.3　电火花加工工艺方法分类 … 8

第2章　电火花线切割加工 … 10
2.1　线切割加工原理 … 10
2.2　线切割加工的分类 … 11
2.3　线切割加工的应用范围 … 12
2.4　线切割加工的一般步骤 … 13

第3章　编程软件应用 … 15
3.1　软件功能介绍 … 15
  3.1.1　系统规划 … 15
  3.1.2　基本绘图指令 … 23
  3.1.3　基本编辑指令 … 26
  3.1.4　刀具路径前处理参数设定 … 27
  3.1.5　刀具路径后处理参数设定 … 29
  3.1.6　起割点、切入边、切割方向的设定 … 35
3.2　各类切割方式参数设定 … 37
  3.2.1　模孔切割参数设置 … 37
  3.2.2　凸模切割参数设置 … 47
  3.2.3　镶件切割参数设置 … 50
  3.2.4　其他类型切割 … 53
  3.2.5　存设定与读设定 … 58
  3.2.6　资料库 … 59

第4章　加工案例编程 … 69
4.1　加工案例编程一 … 69
4.2　加工案例编程二 … 74
4.3　加工案例编程三 … 78
4.4　加工案例编程四 … 84

第5章　机床操作文件 … 91
5.1　机床操作文件 … 91
5.2　工件程序 … 91
  5.2.1　G代码 … 92
  5.2.2　部分G代码的功能说明 … 92
  5.2.3　常用的M代码 … 94
  5.2.4　工件程序格式 … 94
5.3　指令字 … 95
5.4　工艺文件 … 97
  5.4.1　工艺文件的产生 … 97
  5.4.2　工艺文件的内容 … 97
  5.4.3　标准工艺文件的命名方式 … 99
5.5　丝表文件 … 100
  5.5.1　丝表文件的命名方式 … 100
  5.5.2　丝表文件的选用 … 100

第6章　机床操作过程 … 102
6.1　操作界面 … 102
6.2　准备模式界面 … 103
6.3　执行模式界面 … 107
6.4　信息模式界面 … 109
6.5　图形模式界面 … 110
6.6　操作页面 … 110
6.7　加工步骤 … 112
  6.7.1　穿丝孔的制作 … 112
  6.7.2　装夹工件 … 112
  6.7.3　电极丝安装 … 112

6.7.4 导向器校正 ……………………… 112	第7章 机床维护 ……………………… 129
6.7.5 新建目录 …………………………… 114	7.1 日常维护 …………………………… 129
6.7.6 文件拷贝 …………………………… 114	7.1.1 上机头的维护 ………………… 129
6.7.7 查看及修改程序 …………………… 115	7.1.2 下机头的维护 ………………… 134
6.7.8 CT-专家系统（工艺选择） ……… 115	7.2 定期保养维护 ……………………… 139
6.7.9 移动坐标轴 ………………………… 116	7.2.1 每日保养 ……………………… 139
6.7.10 机头定位 ………………………… 116	7.2.2 每周保养 ……………………… 139
6.7.11 穿丝 ……………………………… 120	7.2.3 每月保养 ……………………… 139
6.7.12 切割 ……………………………… 124	7.2.4 半年保养 ……………………… 139
6.7.13 加工监控 ………………………… 124	7.2.5 工作台、机头、导轨维护保养 … 140
6.7.14 参数优化 ………………………… 126	7.2.6 工作液的维护 ………………… 140
6.7.15 加工中断处理 …………………… 127	7.2.7 电气柜的维护 ………………… 140
6.7.16 结束加工作业 …………………… 127	

第2篇 电火花成型加工

第8章 FORM 20 电火花机床 ………… 144	10.1.7 混合冲洗（抬刀） ………… 159
8.1 电火花加工机床的结构 …………… 144	10.1.1 冲油 ………………………… 159
8.2 电火花加工的安全技术规程 ……… 145	10.1.3 抽油 ………………………… 160
8.3 Form20 电火花机床的维护保养 … 146	10.1.4 侧冲 ………………………… 161
8.4 劳动保护及安全措施 ……………… 147	10.1.5 组合冲洗 …………………… 161
8.4.1 工作液 ………………………… 147	10.1.6 冲洗压力调整 ……………… 161
8.4.2 防火 …………………………… 148	10.2 工作液系统的操作 ……………… 161
8.4.3 触电危险 ……………………… 148	10.2.1 工作液系统的启动 ………… 161
第9章 工艺参数设定 ………………… 150	10.2.2 工作液系统的停止 ………… 162
9.1 操作面板 …………………………… 150	第11章 机床操作过程 ………………… 164
9.2 脉冲电源设定 ……………………… 150	11.1 开机 ……………………………… 164
9.2.1 伺服控制 ……………………… 150	11.2 电极的安装和校正 ……………… 164
9.2.2 工作模式（M） ……………… 151	11.3 工件的装夹与校正 ……………… 166
9.2.3 电极极性（S） ……………… 152	11.4 工件与电极位置找正 …………… 166
9.2.4 峰值电流（P） ……………… 152	11.4.1 手动方式 …………………… 166
9.2.5 脉宽（A） …………………… 153	11.4.2 端面找正 …………………… 167
9.2.6 停歇（B） …………………… 153	11.4.3 侧面找正 …………………… 167
9.2.7 抬刀（R）与加工时间（U） … 154	11.5 上油及液面调节 ………………… 168
9.2.8 保护系统参数选择%F、%TL、	11.5.1 上油 ………………………… 168
%TR ……………………………… 154	11.5.2 放油 ………………………… 169
9.2.9 选择放电加工键 ……………… 155	11.6 数显表参数设定 ………………… 169
9.2.10 加工状态 …………………… 155	11.6.1 HEIDENHAIN 数显表的介绍 … 169
9.2.11 异常信号 …………………… 156	11.6.2 数显仪开机 ………………… 169
第10章 工作液冲洗方式 ……………… 159	11.6.3 设定基准点 ………………… 170
10.1 冲洗 ……………………………… 159	11.6.4 定中心 ……………………… 170

11.6.5　设置加工深度 ·················· 171
11.6.6　校正键ΔZ ······················· 171
11.6.7　HOME 键 ······················· 171
11.6.8　显示 Z 轴（加工轴）最低位置 ··· 172
11.6.9　探测首发放电 ·················· 172
11.7　加工启动 ································ 172

第 12 章　应用及工艺 ························ 175
12.1　工艺规准确定 ························· 175
12.1.1　工艺图表用专业术语 ············ 175
12.1.2　加工间隙 ·························· 175
12.1.3　表面粗糙度（CH/Ra） ········· 175
12.1.4　最大电流密度 ···················· 176
12.1.5　端面积（Sf） ···················· 177
12.1.6　最大加工规准（CHe） ········· 177
12.1.7　总放电加工面积（St） ········· 177
12.1.8　电极的数量 ······················· 178
12.1.9　工艺图表 ·························· 179
12.1.10　加工规准 ························ 179
12.1.11　加工间隙值和电极收缩量 ····· 180
12.1.12　确定电极尺寸 ·················· 180
12.1.13　电极损耗 ························ 181
12.2　加工实例 ································ 182

附录 ·· 187
附录 1　指令字功能（部分） ············ 187
附录 2　G 代码功能 ························ 188
附录 3　M 功能 ······························ 189

参考文献 ······································· 190

第1篇

慢走丝线切割加工

第1章 电火花加工原理

第2章 电火花线切割加工

第3章 编程软件应用

第4章 加工案例编程

第5章 机床操作文件

第6章 机床操作过程

第7章 机床维护

第 1 章　电火花加工原理

> **▶▶▶ 主要内容：**
> - 电火花加工技术介绍。
> - 电火花加工工艺中的基本规律。
> - 电火花加工的特点。

本章主要介绍电火花加工的基本知识，让初学者对电火花加工有一个初步的了解。掌握电火花加工的基本规律和加工特点。

1.1　电火花技术介绍

电火花加工又称放电加工（Electrical Discharge Machining,简称 EDM），是一种直接利用电能和热能进行加工的新工艺。电火花加工与金属切削加工的原理完全不同，在加工过程中，工具的硬度不必大于工件硬度，工具和工件也并不接触，而是靠工具和工件之间不断地脉冲性火花放电，产生局部、瞬时的高温把金属材料逐步蚀除掉。目前这一工艺技术已广泛用于加工淬火钢、不锈钢、模具钢、硬质合金等难加工材料；用于加工模具等具有复杂表面的零部件。电火花加工在机械加工业获得愈来愈多的应用，特别是模具加工业，它已成为切削加工的重要补充和发展。

1.1.1　电火花加工的基本原理

电火花加工的原理是基于工具和工件（正、负电极）之间脉冲性火花放电时的电腐蚀现象来蚀除多余的金属，以达到对零件的尺寸、形状及表面质量等预定的加工要求。电腐蚀现象早在 20 世纪初就被人们发现，例如在插头或电器开关触点开、闭时，往往产生火花而把接触表面烧毛，腐蚀成粗糙不平的凹坑而逐渐损坏。1940 年前后，前苏联科学院电工研究所拉扎连柯夫妇的研究结果表明，电火花腐蚀的主要原因是：电火花放电时火花通道中瞬时产生大量的热，达到很高的温度，足以使任何金属材料局部熔化、气化而被蚀除掉，形成放电凹坑。在 1943 年，拉扎连柯夫妇终于研制出利用电容器反复充电放电原理的世界上第一台实用化的电火花加工装置，并申请了发明专利，以后在生产中不断推广应用，拉扎连柯因此被评为前苏联科学院院士。

实践经验表明，要把有害的火花放电转化为有用的加工技术，必须创造条件，做到以下几点：

（1）使工具电极和工件被加工表面之间通过伺服装置经常保持一定的放电间隙，这一间隙随加工条件而定，通常约为几微米至几百微米。如果间隙过大，极间电压不能击穿极间介质，因而不会产生火花放电；如果间隙过小，很容易形成短路接触，同样也不能产生火花放电。为此，在电火花加工过程中必须具有工具电极的自动进给和调节装置。

（2）使火花放电为瞬时的脉冲性放电，并在放电延续一段时间后，应停歇一段时间。这样才能使放电所产生的热量来不及传导扩散到其余部分，把每一次的放电点分别局限在很小的范围内；否则，像持续电弧放电那样，使放电点表面大量发热、熔化、烧伤，只能用于焊接或切割，而无法用作尺寸加工，故电火花加工必须采用脉冲电源。

（3）使火花放电在有一定绝缘性能的液体介质中进行。例如煤油、皂化液或去离子水等。液体介质又称工作液，必须具有较高的绝缘强度（电阻率为 $10^3 \sim 10^7 \Omega \cdot cm$），以有利于产生脉冲性的火花放电。同时，液体介质还能把电火花加工过程中产生的金属小屑、炭黑等电蚀产物从放电间隙中悬浮排除出去，并且对工具电极和工件表面有较好的冷却作用。

以上问题的综合解决，是通过图 1-1 所示的电火花加工系统来实现的。工件 1 与工具电极 4 分别与脉冲电源 2 的两输出端相连接。自动进给调节装置 3（此处为电动机及丝杆、螺母、导轨）使工具和工件间经常保持一很小的放电间隙，当脉冲电压加到两极之间时，便在当时条件下相对某一间隙最小处或绝缘强度最低处击穿介质，在该局部产生火花放电，瞬时高温使工具和工件表面都蚀除掉一小部分金属，各自形成一个小凹坑，如图 1-2 所示。其中图 1-2 中（a）表示单个脉冲放电后的电蚀坑；图 1-2 中（b）表示多次脉冲放电后的电蚀坑。

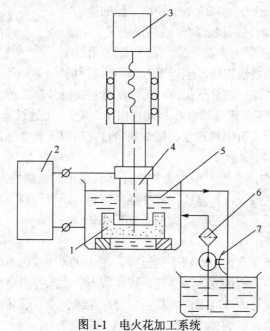

图 1-1 电火花加工系统

1—工件；2—脉冲电源；3—自动进给调节装置；4—工具电极；5—工作液；6—过滤器；7—液压马达

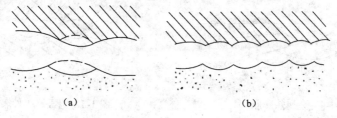

图 1-2 脉冲放电后的电蚀坑

1.1.2 脉冲放电过程

一次脉冲放电的过程可以分为电离、放电、热膨胀、抛出金属和消电离等几个连续的阶段。

1. 电离

由于工件和电极表面存在着微观的凹凸不平。在两者相距最近的点上电场强度最大，会使附近的液体介质首先被电离为电子和正离子。

2. 放电

在电场的作用下，电子高速奔向阳极，正离子奔向阴极，并产生火花放电，形成放电通道。在这个过程中，两极间液体介质的电阻从绝缘状态的几兆欧姆骤降到几分之一欧姆。由于放电通道受放电时磁场力和周围液体介质的压缩，其截面积极小，电流强度可达 $10^5 \sim 10^6 \text{A/cm}^2$（放电状况如图 1-3 所示）。

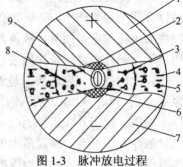

图 1-3 脉冲放电过程

1—阳极；2—阳极气化熔化区；
3—熔化的金属微粒；
4—工作介质；5—凝固的金属微粒；
6—阴极气化熔化区；7—阴极；
8—气泡；9—放电通道

3. 热膨胀

由于放电通道中电子和离子高速运动时相互碰撞，产生大量的热能。阳极和阴极表面受高速电子和离子流的撞击，其动能也转化成热能，因此在两极之间沿通道形成了一个温度高达 10000～12000℃ 的瞬时高温热源。在热源作用区的电极和工件表面层金属会很快熔化，甚至气化。通道周围液体介质（一般为煤油）除一部分气化外，另一部分被高温分解为游离的炭黑和 H_2、C_2H_2、C_2H_4、C_nH_{2n} 等气体（使工作液变黑，在极间冒出小气泡）。上述过程是在极短时间（$10^{-7} \sim 10^{-5}$s）内完成的，因此，具有突然膨胀、爆炸的特性（可以听到噼啪声）。如图 1-4 所示。

4. 抛出金属

由于热膨胀具有爆炸的特性，爆炸力将熔化和气化了的金属抛入附近的液体介质中冷却，凝固成细小的圆球状颗粒，其直径视脉冲能量而异（一般约为 0.1～500μm），电极表面则形成一个周围凸起的微小圆形凹坑，如图 1-5 所示。

5. 消电离

使放电区的带电粒子复合为中性粒子的过程。在一次脉冲放电后应有一段间隔时间，使间隙内的介质来得及消电离而恢复绝缘强度，以实现下一次脉冲击穿放电。如果电蚀产物和气泡来不及很快排除，就会改变间隙内介质的成分和绝缘强度，破坏消电离过程，易使脉冲放电转变为连续电弧放电，影响加工。

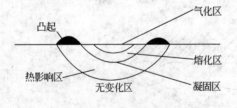

图 1-4 金属热膨胀

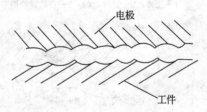

图 1-5 电极、工件表面的凹坑

一次脉冲放电之后，两极间的电压急剧下降到接近于零，间隙中的电介质立即恢复到绝缘状态。此后，两极间的电压再次升高。又在另一处绝缘强度最小的地方重复上述放电过程。多次脉冲放电的结果，使整个被加工表面由无数小的放电凹坑构成，如图 1-5 所示，工具电极的轮廓形状便被复制在工件上，达到加工的目的。

1.1.3 极性效应

在脉冲放电过程中，工件和电极都要受到电腐蚀。但正、负两极的蚀除速度不同，这种两极蚀除速度不同的现象称为极性效应。产生极性效应的基本原因是由于电子的质量小，其惯性也小，在电场力作用下容易在短时间内获得较大的运动速度，即使采用较短的脉冲进行加工也能大量、迅速地到达阳极，轰击阳极表面。而正离子由于质量大，惯性也大，在相同时间内所获得的速度远小于电子。当采用短脉冲进行加工时，大部分正离子尚未到达负极表面，脉冲便已结束，所以负极的蚀除量小于正极。但是，当用较长的脉冲加工时，正离子可以有足够的时间加速，获得较大的运动速度，并有足够的时间到达负极表面，加上它的质量大，因而正离子对负极的轰击作用远大于电子对正极的轰击，负极的蚀除量则大于正极。

电极和工件的蚀除量不仅与脉冲宽度有关，而且还受电极及工件材料、加工介质、电源种类、单个脉冲能量等多种因素的综合影响。在电火花加工过程中，极性效应愈显著愈好。因此必须充分利用极性效应，合理选择加工极性，以提高加工速度，减少电极的损耗。在实际生产中把工件接正极的加工，称为"正极性加工"或"正极性接法"。工件接负极的加工称为"负极性加工"或"负极性接法"。极性的选择主要靠实验确定。

1.2 电火花加工工艺中的基本规律

在电火花加工中，主要关心的加工工艺参数有：放电腐蚀量、工件的加工速度、工具电极的损耗速度、电火花加工精度以及工件的表面质量。

1.2.1 影响材料放电腐蚀量的主要因素

电火花加工过程中，材料被放电腐蚀的规律是十分复杂的综合性问题，研究影响材料放电腐蚀量的因素，对于应用电火花加工方法、提高电火花的生产率、降低工具电极的损耗是极为重要的。

1. 极性效应的影响

在脉冲放电过程中，工件和电极都要受到电腐蚀。但正、负两极的蚀除速度不一致，特别是正极易吸附炭黑这一特性，在实际生产中要充分利用这一点，一般将电极作为正极，正极吸附炭黑保护膜，起到保护作用，以降低电极的损耗。这种正极吸附炭黑保护膜的效应称为吸附效应。

2. 电参数对电蚀量的影响

研究表明，提高电蚀量和生产率的途径在于：提高脉冲频率、增加单个脉冲能量（提高单个脉冲平均放电电流和脉冲宽度）、减小脉冲间隔。

其他考虑因素：脉冲间隔时间不能过短，否则易产生电弧放电；单个脉冲能量增加，加工表面粗糙度也随之增加。

3. 金属材料热学物理常数对电蚀量的影响

所谓热学常数指：熔点、比热容、融化热、汽化热、热导率等。这些常数对电蚀量、加工难度的影响很大，具体表现在以下几个方面：

（1）熔点、比热容、融化热、汽化热愈高，则电蚀量愈小，加工难度愈大。

（2）热导率愈大，则电蚀量愈小，加工难度愈大。

（3）金属材料放电加工的难易程度依次为：钨、铜、银、钼、铝、钽、铂、铁、镍、不锈钢、钛。在考虑使用何种材料制作电极时,既要考虑电极材料放电加工的难易程度,又要考虑材料的成本及强度等因素。常用的电极材料是铜和钼。

4．工作液对电蚀量的影响

工作液在放电加工过程中有如下的作用：

（1）形成电火花放电通道,并在放电结束后迅速恢复间隙的绝缘状态；

（2）对放电通道产生压缩作用；

（3）帮助电蚀产物的抛出和排除；

（4）对工具、工件有冷却作用。

5．其他因素对电蚀量的影响

在放电加工过程中,还存在其他一些因素对放电蚀除量的影响,具体表现在：

（1）加工过程的放电稳定性：平稳的火花放电对提高电蚀量有很大的帮助。

（2）加工面积：在一定的电参数下,适当的加工面积有利于提高加工速度。

（3）电极材料：不同的电极材料在加工中会得到不同的加工速度。

1.2.2 加工速度和工具电极的损耗速度

把单位时间内工件的电蚀量称为工件的加工速度。把单位时间内工具的电蚀量称为工具的损耗速度。

（1）工件的加工速度,用体积加工速度 $V_W=V/T(mm^3/min)$ 来表示；或质量加工速度 $V_M(g/min)$ 来表示。不同的加工阶段的常见的工件加工速度如下：

① 粗加工($Ra=10\sim20\mu m$):$200\sim100$ mm^3/min

② 半精加工($Ra=2.5\sim10\mu m$):$20\sim100$ mm^3/min

③ 精加工($Ra=0.32\sim2.5\mu m$):<10 mm^3/min

（2）工具电极的损耗速度及相对损耗比,工具损耗速度用 V_E 表示。

损耗比 $\theta=V_E/V_W\times100\%$

（3）具电极的损耗的影响因素。

在实际加工过程中,常常会利用加工中的一些特性来降低工具电极的损耗,经常考虑的因素如下：

① 极性效应：极性效应对材料的蚀除量影响很大。不同的加工规准及脉冲放电时间会得到不同的结果。

② 吸附效应：是指放电过程中,电极表面会吸附一些极性相反的杂质,如炭灰等,这些杂质会减小工具电极的损耗。在利用铜电极加工钢时,当采用负极性加工时,电极表面会吸附炭灰。

③ 传热效应：工具电极的传热效应越好,损耗就越小。

1.2.3 影响电火花加工精度的主要因素

影响电火花加工精度的因素很多,概括起来主要有以下几种：

1．机械因素

（1）机床本身精度：机床坐标轴移动精度、床身刚度、机床振动等因素都会影响加工精度。

（2）工件、工具的定位精度：加工前对工件及工具的定位检测是非常重要的；另外,采用专用夹具可提高定位精度。

2．与电火花有关的因素

（1）放电间隙的大小及其一致性；

（2）工具电极的损耗及其稳定性；

（3）蚀除产物污染放电通道，形成二次放电，易造成工件的加工斜度及尖角变圆现象。

1.3 电火花加工的特点、适用范围、缺点及分类

1.3.1 电火花加工的特点、适用范围

1. 适合于难切削导电材料的加工

由于加工中材料的去除是靠放电时的电热作用实现的，材料的可加工性主要取决于材料的导电性及其热学特性，如熔点、沸点（气化点）、导热系数、电阻率等，而几乎与其力学性能（硬度、强度等）无关。这样可以突破传统切削加工对刀具的限制，可以实现用软的工具加工硬韧的工件，甚至可以加工像聚晶金刚石、立方氮化硼一类的超硬材料。目前电极材料多采用紫铜或石墨，因此工具电极较容易加工。

2. 可以加工特殊及复杂形状的零件

由于加工中工具电极和工件不直接接触，没有机械加工的切削力，因此可以加工低刚度工件及微细加工。由于可以简单地将工具电极的形状复制到工件上，因此特别适用于复杂表面形状工件的加工，如复杂型腔模具加工等。采用了数控技术，使得用简单的电极加工复杂形状零件也成为可能。

3. 易于实现加工过程自动化

由于是直接利用电能加工，而电能、电参数较机械量易于数字控制、适应控制、智能化控制和无人化操作等。

4. 可以改进结构设计，改善结构的工艺性

例如可以将拼镶结构的硬质合金冲模改为用电火花加工的整体结构，减少了加工工时和装配工时，延长了使用寿命。又如喷气发动机中的叶轮，采用电火花加工后可以将拼镶、焊接结构改为整体叶轮，既大大提高了工作可靠性，又大大减小了体积和质量。

由于电火花加工具有许多传统切削加工所无法比拟的优点，因此其应用领域日益扩大，目前已广泛应用于机械（特别是模具制造）、宇航、航空、电子、电机、电器、精密微细机械、仪器仪表、汽车、轻工等行业，以解决难加工材料及复杂形状零件的加工问题。加工范围已达到小至几十微米的小轴、孔、缝，大到几米的超大型模具和零件。

1.3.2 电火花加工的缺点

电火花加工也有其一定的局限性，具体是：

（1）只能用于加工金属等导电材料　不像切削加工那样可以加工塑料、陶瓷等绝缘的非导电材料。但近年来研究表明，在一定条件下也可加工半导体和聚晶金刚石等非导体超硬材料。

（2）加工速度一般较慢　因此通常安排工艺时多采用切削来去除大部分余量，然后再进行电火花加工，以提高生产率。但最近的研究成果表明，采用特殊水基不燃性工作液进行电火花加工，其粗加工生产率甚至高于切削、磨削加工。

（3）存在电极损耗　由于电火花加工靠电、热来蚀除金属，电极也会遭受损耗，而且电极损耗多集中在尖角或底面，影响成型精度。但最近的机床产品在粗加工时已可将电极相对损耗比降至0.1%以下，在中、精加工时能将损耗比降至1%左右。

（4）最小角部半径有限制　一般电火花加工能得到的最小角部半径等于加工间隙（通常为0.02~0.3 mm），若电极有损耗或采用平动头加工，则角部半径还要增大。但近年来的多

轴数控电火花加工机床，采用 X、Y、Z 轴数控摇动加工，可以清棱清角地加工出方孔、窄槽的侧壁和底面。

1.3.3 电火花加工工艺方法分类

根据电火花加工过程中工具电极与工件相对运动方式和主要加工用途的不同，电火花加工工艺大致分为：电火花成型加工、电火花线切割加工、电火花磨削加工、电火花高速小孔加工、电火花表面加工和电火花复合加工六大类，如图 1-6 所示。其中应用十分普遍的是电火花成型加工及电火花线切割加工，占电火花加工生产的 90% 左右。电火花线切割加工又可分为慢走丝线切割加工和快走丝线切割加工。本书主要讲述慢走丝线切割加工和电火花成型加工。

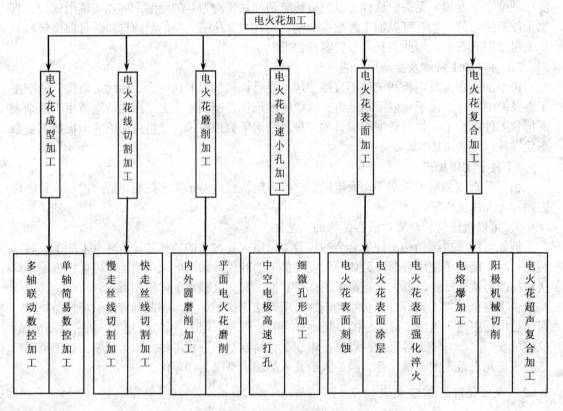

图 1-6 电火花加工分类

复习思考题

1.1 什么是电火花加工？
1.2 简述一次脉冲放电过程。
1.3 什么叫极性效应？
1.4 电火花加工中主要关注的工艺指标有哪些？
1.5 简述二次放电产生的原因及结果，怎样合理利用或避免此结果？
1.6 简述提高工件加工速度的主要途径。
1.7 简述影响工具电极损耗速度的因素。
1.8 简述影响电火花加工精度的主要因素。
1.9 简述电火花加工的特点和适用范围。

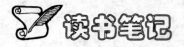

第 2 章　电火花线切割加工

> **主要内容：**
> - 线切割原理。
> - 线切割加工特点。

本章主要介绍线切割原理，加工特点，为了解机床、操作机床作好准备。

2.1　线切割加工原理

用连续移动的金属丝（电极丝）作电极，利用线电极与工件在液体介质中产生火花放电而腐蚀工件（将金属融化或汽化，并将融化或汽化的金属去除掉），同时工件和线电极按程序预定的要求运动，这样便能将一定形状的工件切割出来，这种加工方法叫电火花线切割加工。英文名称为 WEDM（Wire-Cut Electrical Discharge Machining）。线切割加工根据加工特点通常分为快走丝和慢走丝线切割加工。

切割时若电极丝接脉冲电源负极，则工件接脉冲电源正极。当来一个脉冲时，在电极和工件之间的介质被电离击穿，产生一次火花放电，在放电通道的中心温度瞬时可高达 8000～12000℃，高温使工件金属熔化，甚至有少量汽化，高温同样也使电极与工件之间的工作液部分产生汽化，这些汽化了的工作液和金属蒸气瞬间迅速热膨胀，并具有爆炸的特性。爆炸力把熔化的金属以及金属蒸气、工作液蒸气抛进工作液中冷却。当它们凝固成固体时，由于表面张力和内聚力的作用，均凝聚成具有最小表面积的细椭圆形颗粒。而电极丝和工件表面则形成一个四周稍有凸缘的微小椭圆形凹坑。这一过程大致分为以下几个阶段：电离击穿、脉冲放电、金属熔化和汽化、汽泡扩展、金属抛出及消电离恢复绝缘强度。

根据实验，电极丝与工件相距 8～10μm 时，介质无击穿现象；当电极丝压过工件 0.04～0.07μm 时，单脉冲的放电率接近 98%；当电极丝压过工件 0.1mm 时，则电极丝与工件之间发生短路，不能形成放电通道。为了保证火花放电时电极丝不被烧断，必须向放电间隙注入大量的工作液，以使工件和电极丝得到冷却，同时将微小的颗粒冲走。快走丝机床常用乳化液作为介质，而慢走丝机床常采用去离子水作为介质，这些介质具有一定的绝缘性，又有一定的导电率，有利于工件与电极丝之间产生火花放电而不是电弧放电。

数控线切割加工时，数控装置要不断进行插补运算，并向驱动机床工作台的电动机发出相互协调的进给脉冲，使工作台（工件）按指定的路径运动。例如，图 2-1 所示为斜线（直线）OA 的插补过程。O 点为切割起点，X、Y 轴分别表示工作台的纵、横进给方向。取斜线的起点 O 为坐标原点，OA 终点坐标为（6，4），先从坐标原点 O 和 X 轴正向进给一步，加工点（电极丝）由 O 移动到 M_1，M_1 点在 OA 的下方已偏离斜线，产生偏差。为使加工点向 OA 靠拢，需沿 Y 轴正向进给一步，加工点由 M_1 移动到 M_2。M_2 点在 OA 的上方，也偏离了斜线，产生了新的偏差。为了纠正这个偏差，应沿 X 轴正向进给一步。如此连续插补，直到斜线终点 A（6，4）。电极丝相对工件的运动轨迹是折线 $O \to M_1 \to M_2 \cdots \to A$。斜线（直线）插补就是用上述折线代替直线 OA，完成对斜线的加工。同理，圆弧的插补过程也是用一条折线代替圆弧。如图 2-2 所示。

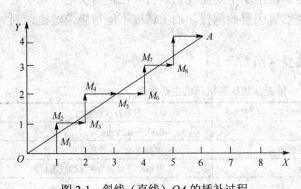

图 2-1 斜线（直线）OA 的插补过程

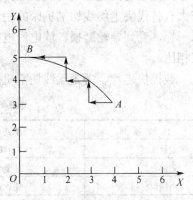

图 2-2 圆弧 AB 的插补过程

工件安装在机床工作台上，由步进电机驱动使工作台或电极丝作数控运动。电极丝相对于工件的运动轨迹是由线切割路径程序决定的。

电极丝的垂直方向运动，避免了火花放电总发生在电极丝的局部位置而烧断电极丝，运动的电极丝也有利于将工作液带入间隙，同时将电蚀产物从间隙中带出。

2.2 线切割加工的分类

数控电火花线切割加工机床，根据电极丝运动的方式可以分成快走丝电火花线切割机床和慢走丝线切割机床两大类别。

快走丝机床的走丝速度一般为 300～700m/min，而且是双向往返循环地运行，即成千上万次地反复通过加工间隙，一直使用到断线为止。电极丝主要是钼丝（$\phi 0.1\sim 0.2$mm），工作液通常采用乳化液，也可采用矿物油或去离子水。快走丝线切割机床结构比较简单，价格较为便宜。但由于它的运丝速度快，机床的振动较大，电极丝的振动也大，导丝轮损耗大，给提高加工精度带来较大的困难。电极丝在反复放电过程中也不断损耗，直径慢慢变小，因而要得到高精度的加工和维持加工精度也是相当困难的。目前能达到的加工精度为 0.01mm，表面粗糙度为 $Ra0.63\sim 1.25\mu m$，一般加工精度为 $\pm 0.015\sim 0.02$mm，表面粗糙度为 $Ra1.25\sim 2.5\mu m$，可满足一般要求的加工。目前我国国内制造和使用的电火花线切割机床大多为快走丝线切割机床。

慢走丝机床的走丝速度为 3～15m/min，可使用黄铜丝、包芯丝、包锌丝及其他金属涂覆线作为电极丝，其直径为 0.03～0.35mm，电极丝单向走丝，避免电极丝损耗给加工精度带来的影响。工作液采用去离子水或煤油。在工作中通过滤芯将工作区流出的带电蚀产物的脏水经过过滤送入净水箱。工作液有冷却、冲洗、绝缘等作用，但工作液保持一定的离子度也有利于放电。使用去离子水工作效率高，没有引起火灾的危险。机床的加工速度可达到 $350\text{mm}^2/\text{min}$，加工精度为 ± 0.002mm，表面粗糙度为 $Ra0.3\mu m$。慢走丝线切割机床价格较高，加工成本也较高。

近年来，随着市场的需求，我国的科技人员对快走丝线切割加工机床进行了改进，使快走丝线切割机床能像慢走丝线切割机床一样，能进行修刀处理，极大地改善了工件加工的表面质量，使之能满足一般工件加工的要求，替代了部分慢走丝线切割加工。我们通常把能进行修刀处理的快走丝线切割机床称为中走丝线切割机床。从发展形势观察，中走丝线切割机床大有替代快走丝线切割机床的趋势。但是，由于中走丝线切割机床还是与快走丝线切割机床一样，受到导轮磨损、放电后电极丝变细等因素的困扰，加工精度不能与慢走丝线切割加工相比。

数控快走丝、慢走丝线切割机床的主要区别见表 2-1。

表 2-1 数控快走丝、慢走丝线切割机床的主要区别

比较项目	快走丝线切割加工	慢走丝线切割加工
走丝速度	8～10m/s	0.001～0.25 m/s
走丝方式	往复供丝，反复使用	单向走丝，一次性使用
电极丝材料	钼、钨钼合金	黄铜丝、以铜为主体的镀覆材料
穿丝方式	手动	手动或自动
电极丝振动	较大	较小
运丝系统结构	简单	复杂
工作液	乳化液	去离子水或煤油
工作液电阻率	0.5～50kΩ·cm	10～100 kΩ·cm
导丝机构型式	导轮，寿命短	导向器，寿命长
机床价格	便宜	昂贵
切割速度	20～16 mm²/min	20～240 mm²/min
加工精度	0.01～0.04mm	0.004～0.01mm
表面粗糙度 Ra	1.6～3.2μm	0.1～1.6μm
重复定位精度	0.02mm	0.004mm
电极丝损耗	均匀损耗	不计损耗

2.3 线切割加工的应用范围

电火花线切割加工有以下一些特点：

（1）它以 0.03～0.35mm 的金属线为电极，与电火花成型加工相比，它不需要制造特定形状的电极，省去了成型电极的设计与制造，缩短了生产准备时间，加工周期短。

（2）加工材料为导体或半导体材料，不受材料硬度的影响。能加工一些高脆性、低刚度、高硬度的导电材料。可改变常规加工工艺中先加工后淬火的工艺顺序。

（3）加工对象主要是平面形状，除了在加工零件的内侧拐角受电极丝和放电间隙的限制，其他任何复杂的形状都可以加工。甚至可切割带锥度的零件或上下异形的零件。

（4）由于电极丝直径较小，在加工过程中总的材料蚀除量也较小，所以线切割加工的加工余量少，节约材料，特别是加工贵重金属时，能有效节约贵重的材料，提高材料的利用率。

（5）在加工过程中可忽视电极丝损耗，在快走丝加工中，电极丝的直径通常为 0.18mm，在电极丝的使用寿命内直径损耗 0.02mm。对于切割单一零件时损耗更小。慢走丝加工时不断补充新电极丝，始终保持新的电极丝加工，因而加工精度更高。

（6）采用乳化液或去离子水作为工作液，不发生火灾，可以实现安全无人加工。

基于以上一些加工特点，线切割加工可应用于以下一些场合：

（1）小批量单件生产，适合新产品开发试制在新产品开发过程中需要单件的样品，使用线切割加工直接切割出零件，无需模具。缩短了新品开发周期，降低了试制成本。

（2）加工特殊材料

使用传统的机加工方法来加工一些高硬度、高脆性、低刚度、贵重的金属材料几乎是不可能的。利用线切割加工这些材料是线切割加工的长处所在。

（3）加工模具零件

电火花线切割加工可应用于冲模、挤压模、塑料模、电火花型腔模的电极加工等。近年来慢走丝线切割加工的应用越来越广泛，特别适合加工级进模的模板类零件。

2.4 线切割加工的一般步骤

电火花线切割加工是实现工件尺寸要求的一种加工方法。在一定的设备条件下，合理制定加工工艺路线是保证加工质量的重要环节。电火花线切割加工工件一般分为以下几个步骤。

1．对图样进行分析与审核

分析审核图样一般为了将一些不能线切割加工的零件图样剔除。主要考虑以下一些内容：

（1）加工精度及表面质量达不到，后期无法进行研磨的工件。

（2）材料高度或 X、Y 方向切割长度超出机床行程的工件。

（3）窄缝小于最小加工尺寸（电极丝直径+2 倍放电间隙）或制作穿丝孔时会破孔的工件。

（4）内角小于最小加工直径或不允许带圆角的工件。

（5）非导电材料或难以加工，易减少机床寿命或损伤线切割机床部件的工件。

（6）加工后易变形的工件。

2．程序编制

程序编制时要关注工件的材料、工件厚度、尺寸精度、表面粗糙度，特别要关注与其他零件的配合间隙。快走丝线切割的加工程序一般使用 3B 代码，可以手工编制，也可使用计算机编制，现阶段越来越多的快走丝线切割机床采用 G 代码程序。慢走丝线切割都采用 G 代码编程，慢走丝线切割加工与快走丝线切割加工的最大区别是可以修刀加工。慢走丝线切割加工在进行锥度加工时，要特别注意基准面高度、锥度角、加工修刀次数等参数。

3．加工

加工前要校正电极丝的垂直度，调整好加工间隙等参数，要关注工作液、过滤器等是否工作正常。要调整脉冲电源参数，使机床能发挥出最大的功效。

4．检验

加工完成后使用适当的方法对零件的尺寸、表面质量等进行检验。

复习思考题

2.1 什么是电火花线切割加工？
2.2 简述快走丝与慢走丝线切割加工的区别。
2.3 简述线切割加工的特点。
2.4 简述线切割加工的使用场合。
2.5 简述线切割加工的一般步骤。
2.6 对图样审核要关注哪些内容？

第 3 章 编程软件应用

>>> 主要内容：
- 统达慢走丝线切割编程软件各模块功能介绍。
- 各种切割类型在编程时参数的设定。

本章主要介绍当前比较流行的统达慢走丝线切割编程软件的使用方法，结合各种切割类型加以说明，最后根据案例分析，具体地来编制一套实用的切割程序，以提高学员的编程水平。

3.1 软件功能介绍

统达计算机股份有限公司的线切割加工软件——TwinCAD/WTCAM 是一款常用的慢走丝线切割编程软件，在模具加工业界使用广泛。从本章开始介绍该软件的一些常规的使用方法。软件安装后双击快捷图标，显示图 3-1 所示界面。

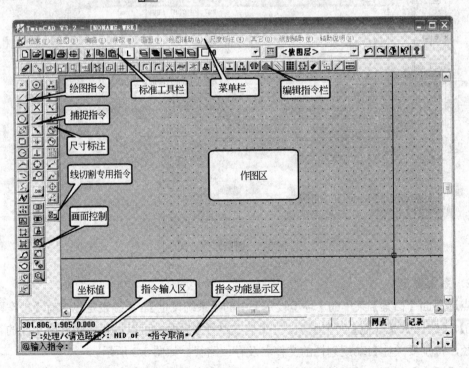

图 3-1 软件界面

3.1.1 系统规划

在进行绘图之前可以对软件的规划档进行重新设计，以利于个人或公司的绘图习惯。以后每次打开软件后都将以此规划档作为范本,大大增加了软件与使用者的亲和力。下面讲述一些经常用到的规划档中的设置。

1. 图层规划

点击界面【图层控制】按钮,显示如图 3-2 所示的对话框。可对各图层进行修改名称、定义图层颜色、定义线型等。图层名称可以是数字、英文或中文。使用线型有边界线(BORDER)、中心线(CENTER)、实线(CONTINUOUS)、点画线(DASHDOT)、分割线(DIVIDE)、虚线(DOT)、隐藏线(HIDDEN)及阴影线(PHANTOM)。状态有开启和锁定两种。当状态处于被锁定时,此时只能绘图,不能编辑图形,图形也不能被用于切割处理。一般状态设定为开启。

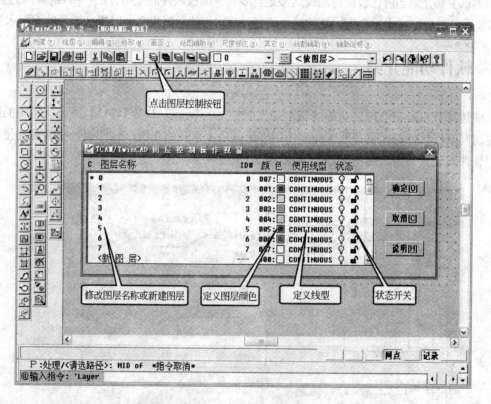

图 3-2 图层修改定义

2. 系统设定

点选界面【档案】菜单的【环境设定】中的【系统设定】。系统设定包含有【档案路径】、【语言】、【绘图】、【其他】四个子项。在【档案路径】界面中可以设置一些系统文件的存放地址路径,特别要关注自动规划档的文件名及存放路径。如图 3-3 所示。

在【语言】界面中可以设置选择的语言及语言文件存放地址路径。如图 3-4 所示。

在【绘图】界面中可以设置绘图区域背景颜色、各图层颜色、十字游标线大小、位置坐标显示位数等。如图 3-5 所示。在界面中还包含有【存档相关设定】、【载档相关设定】、【作图模式设定】、【出图相关设定】和【显示相关设定】五个设定按钮。

第3章 编程软件应用

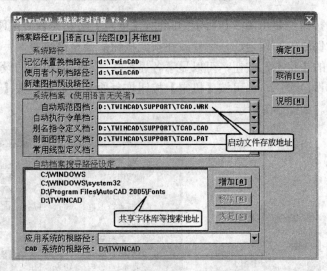

图 3-3 档案路径对话框

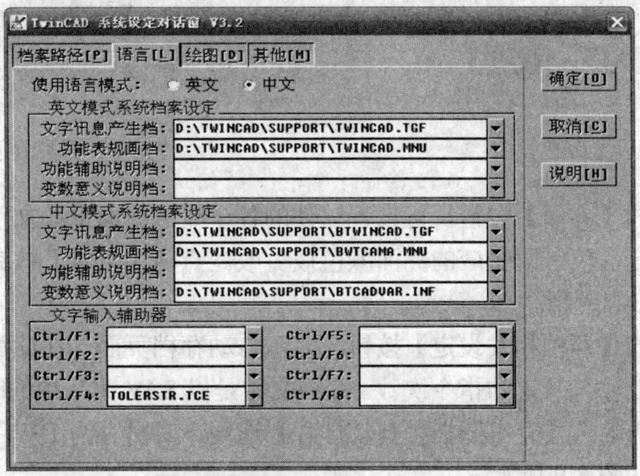

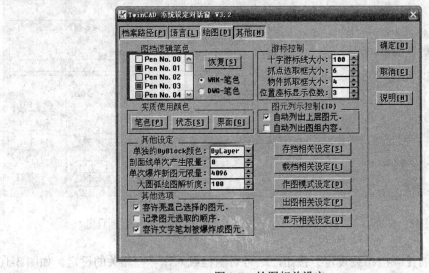

图 3-4 语言相关设定

图 3-5 绘图相关设定

点击【笔色】按钮,显示图 3-6 所示的画面,【恢复】按钮是恢复刚刚修改的颜色,【机定】按钮时恢复软件原先的设定,任何修改在按此按钮后会全部恢复。

点击图 3-5 中的【状态】按钮,可以显示各显示线、框、网点等的设定颜色,可随时按左侧的方框来重新设定颜色,也可按【机定】按钮恢复原来的设置,按【恢复】按钮,可恢复临时修改的内容。如图 3-7 所示。

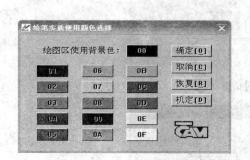
图 3-6　绘笔及背景颜色设定

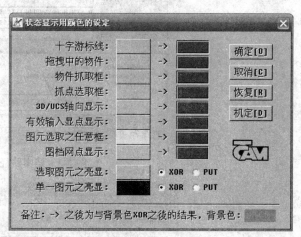
图 3-7　各类颜色设置

点击图 3-5 中的【界面】按钮,可设置软件的各个显示界面上的文字的颜色。点击任何一个方框,重新设定颜色,则相应的界面颜色被更改。点击【机定】按钮恢复原来的界面文字颜色设定。如图 3-8 所示。

点击图 3-5 中的【存档相关设定】按钮,显示自动存档页面,在此页面中可设定每次自动存档的相隔时间或输入一定的指令次数。存档文件是以 SAV 为后缀的临时文件。如存的文件要能被预览,则需勾选【存出图档预视幻灯片】选项。对另存为 DWG 文档的操作也作了一些相应的设定。如图 3-9 所示。

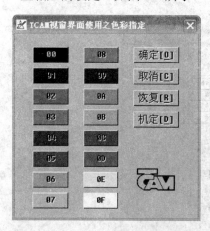
图 3-8　界面文字颜色设定

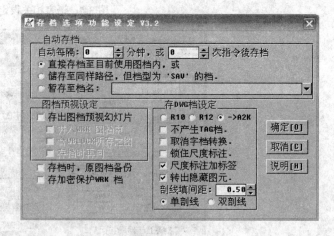
图 3-9　自动存档设定

点击图 3-5 中的【载档相关设定】按钮,则可对图档载入作一些相关的设定。如图 3-10 所示。

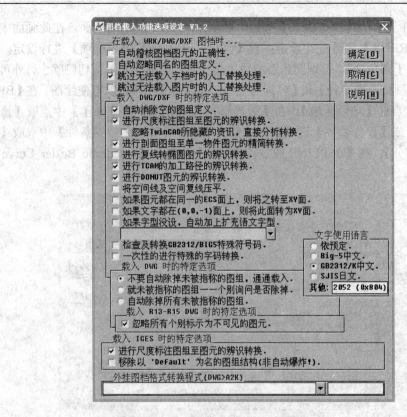

图 3-10 载档相关设定

点击图 3-5 中的【作图模式设定】按钮,显示作图模式设定画面。如图 3-11 所示。共分为【抓点定位】、【指令模式】和【擎点及其他】三个部分。点击【抓点定位】按钮,在此画面中可设置网点的间隔单位、是否采用整点定位模式及整点移动单位(一般不勾选)、设置角度和整点基准、是否打开轴向定位模式、抓点锁定常态模式设定(一般不勾选)及其他一些设定内容。

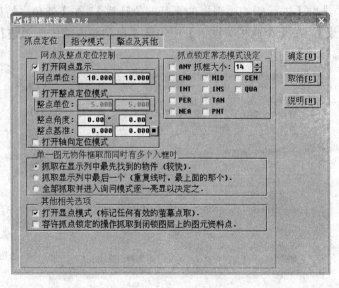

图 3-11 抓点定位设定

点击图 3-11 中上方的【指令模式】按钮,显示如图 3-12 所示的画面。在此画面中,可对【文字镜像 MIRROR】参数进行设定;对【圆角(FILLET)指令选项】进行设定,一般要勾选【修齐物件于圆角处】,否则圆角后原线段会保留,要进行人工剪切删除。另外再可勾选【容许直接点取圆角改变半径】和【容许与直线产生尖角】两项,以方便绘图。在【BPOLY 指令产生结果】中点选【填色区域】。在【边界修齐(BTRIM)指令操作】中点取【修齐并移除边界内物件】或【仅作修齐】选项。在【延伸(EXTEND)之边界条件】中点取【包括虚拟延伸的几何部分】。在【BSPLINE 曲线转化规则】中选择【Quadratic Bezier Curve】,曲线转化分段数为 1。

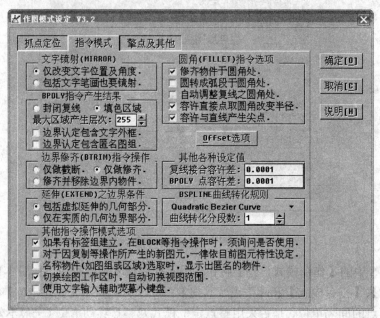

图 3-12 指令模式设定

点击图 3-12 中的【offset 选项】按钮,显示如图 3-13 所示的画面。在【平行偏位计算的结果之相容性】中选取【进行新的更强悍的平行偏位计算】。在【外角之特殊处理】中,点选【自动产生圆角结果】。在【其他相关设定】中勾选【自动对内缩的圆弧进行圆角】和【保留圆角或倒角的内部标记】两项。

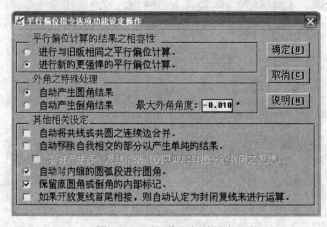

图 3-13 平行偏位相关设定

点击图 3-12 中的【擎点及其他】按钮，显示图 3-14 所示的画面。在【擎点选项】中要勾选【启擎点操作】、【容许先选图元再下指令】和【容许自动框选】三项。这些选项的勾选，能让使用者有一种与 AutoCAD 相类似操作习惯方式，使用起来更能得心应手。在【容许图元快捷处理指令操作】中可对各项进行勾选，并按"=>"图标后的空白处或按"▼"按钮，对各项指令进行操作设定。在【其他绘图操作选项】中勾选【将模标基点当作图元几何的一部分来处理（ACAD 相容）】选项，这样在进行【水平模标】或【垂直模标】模标基点可作为一个单独的图元来处理。【LINE 指令在给予线长时，立即依十字标位置方向绘出线段】的选项不要勾选，以免在绘图时造成麻烦。

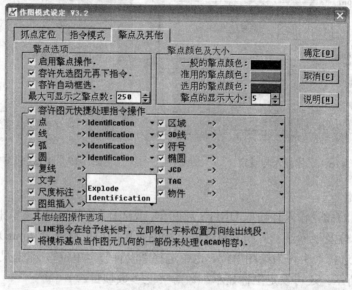

图 3-14 擎点及其他

在【其他】界面中可设置绘图界面及绘图过程中操作的一些设定，如浮起文字字型及字高、鼠标使用习惯设定、指令区使用字型设置等。如图 3-15 所示。

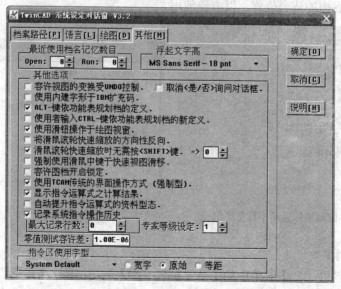

图 3-15 其他相关设定

3. 字体载入

在命令行输入命令 DDSTYLE 后回车，出现图 3-16 所示的对话框。点击字体载入按钮，出现【DDSTYLE 初始化对话框】，如图 3-17 所示。点击【确定】按钮，软件会自动将常用的字体载入。在输入文字前先要选择字型，选择的字型会在字型预览框中显示。另外还可对文字特性作一些设定，如字高、字宽、文字倾斜角度等。

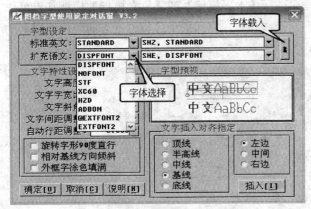
图 3-16 字体载入与设定

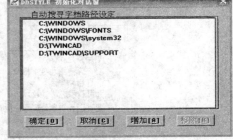
图 3-17 DDSTYLE 初始化对话框

4. 单位设定

在软件界面的命令输入行输入 UNITS 后回车，或选择【绘图辅助】菜单中的【单位设定】，会显示【图面单位及坐标显示控制】对话框。绘图常用的单位有毫米（mm）和英寸（inch）等，在绘图前可选择一个作为绘图单位，也可选择"没有假定单位"，即把尺寸假想为任意单位，如图 3-18 所示。还可设定坐标显示小数等一些参数项目。

5. 工具列管理

在命令行输入 TOOLBAR 命令后回车，或点选【绘图辅助】菜单中的【工具列】选项，显示【工具列管理】对话框，如图 3-19 所示。在这里可以勾选一些作图时常用的工具列，并将它们放在作图界面的适当位置，以方便使用。

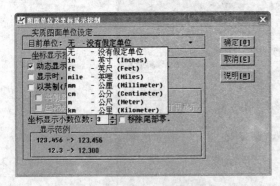
图 3-18 单位及坐标显示小数位设定

图 3-19 工具列管理

6. 系统控制参数

点选【绘图辅助（A）】菜单中的【系统参数（V）】选项，显示【系统控制参数】对话框。如图 3-20 所示。可对一些参数进行修改并保存。例如：AJOINEPS(自动串接允许误差值)、

XHAIRSIZE（设十字游标大小）、ZESCALE（ZE 指令窗口显示范围）等。

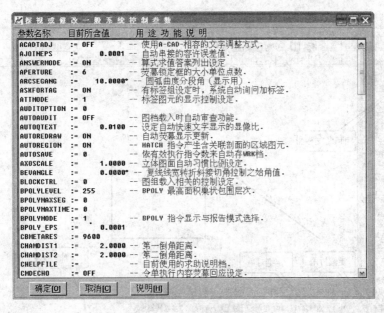

图 3-20　系统控制参数

7. 保存规划档

以上一些参数设定后，一定要进行存盘处理，否则下次开机时这些设定会丢失。点击【档案】中的【存档】，选择【SUPPORT】文件夹，选择 TCAD.WRK 文件，保存文件即可。如图 3-21 所示。

3.1.2 基本绘图指令

TwinCAD 绘图与 AutoCAD 绘图较为类似，可以绘制直线、圆、椭圆、矩形、多边形、条样线、拟合线等。也可绘制齿轮、文字等。下面对一些基本的操作作简单介绍。

1. 绘制直线

输入绘制直线命令 LINE，或直接点选直线绘制图标，输入起始点坐标，再输入

图 3-21　规划档保存

终止点坐标即可绘制直线。点坐标的获取方式有抓点辅助法、绝对坐标输入法、相对坐标输入法、极坐标输入法。抓点类型有抓圆心、端点、交点、中点、切点等。绝对坐标的输入格式为 (x,y)，相对坐标的输入格式为 (@x,y)，极坐标的输入格式为 (@长度<角度)。另外还可以通过定偏折角、定绝对角绘制直线，在绘制轴向线时可将轴向按钮按下再输入线长和指定方向进行绘制直线，如图 3-22 所示。直线绘制完成后为单段直线，编程前需将直线进行串接处理。

2. 绘制圆

绘制圆的方法很多，常用的是确定圆心及半径法。其他绘制圆的方法有三点法、两点法、TTT、TT、TPT 等方法（T 表示相切，P 表示相交）。圆绘制完成后为一串接图形，不需要再

进行串接处理。如图 3-23 所示。

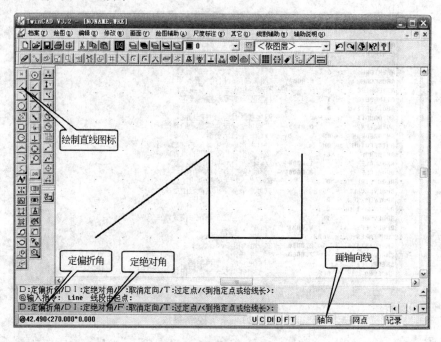

图 3-22　绘制直线

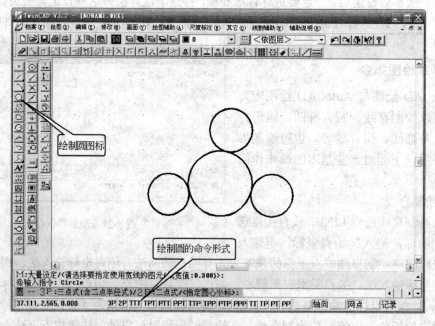

图 3-23　绘制圆

3．绘制椭圆

绘制椭圆一般先指定椭圆的圆心，再分别确定两个半轴的长度即可。圆心及半轴的长度可通过坐标输入或抓点获取。椭圆绘制完成后，看似像已串接图形，实际并未串接，编程前需进行串接处理。如图 3-24 所示。

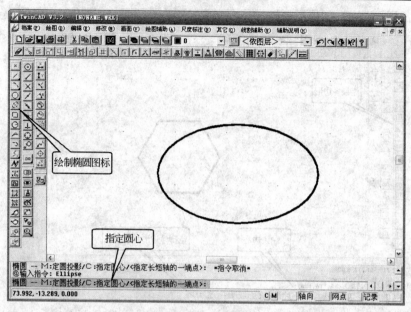

图 3-24 绘制椭圆

4．绘制矩形

绘制矩形的方法有指定顶点法和指定中心法。绘图时默认的矩形方向为水平方向，在绘图时可通过参数 A 来改变矩形的方向。矩形绘制完成后为一串接图形，不需要再将图形进行串接处理。如图 3-25 所示。

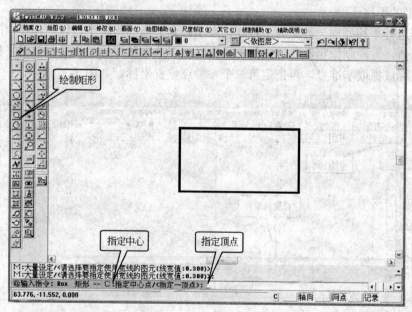

图 3-25 绘制矩形

5．绘制多边形

绘制多边形的方法有指定边法、定内切圆法和定外接圆法。绘图时多边形的边的方向为任意方向，在绘图时可配合轴向按钮进行调整方向。多边形绘制完成后为一串接图形，不需要再将图形进行串接处理。如图 3-26 所示。

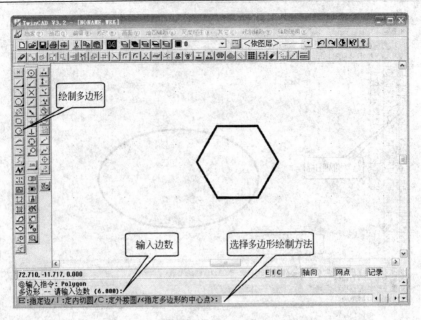

图 3-26 绘制多边形

3.1.3 基本编辑指令

图形的编辑主要有图形的删除、平移、旋转、缩放、拉展、修齐、倒角、圆角、镜像、复制、偏位、阵列、分解和串接等。下面对平移和串接作一下介绍。

1. 图形的平移

对图形进行平移处理一般是为了将起割点平移到适当的坐标上，以便程序中产生适当的起割点坐标值，方便制作穿丝孔等操作。操作时先点选平移图标，框选整个需平移的图形，接着选择坐标或抓取基准点，再指定第二个参考点位置坐标。如图 3-27 所示。

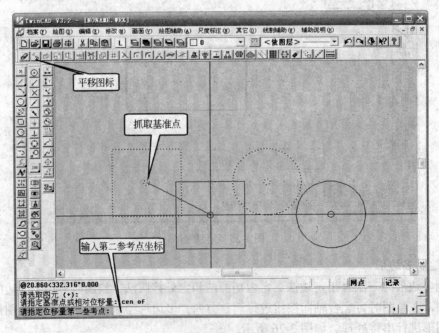

图 3-27 平移图形

2. 图形串接

图形串接是指将单独的图元首尾相接形成一个整体图形，以便后续编程处理。有时串接不成功可能是图元下有重复图元或串接精度为零。如图3-28所示。

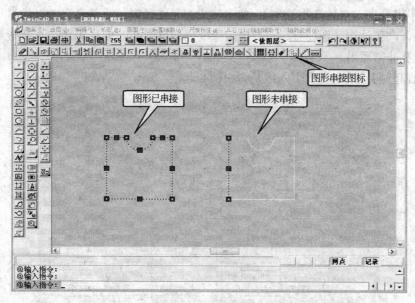

图 3-28　图形串接

对图形的标注功能有水平标注、垂直标注、平行标注、角度标注、直径标注、半径标注、模具式标注。还可对个别标注进行设定，对形位公差进行标注等。同时软件还具有图层设置、线型、线宽设置等 CAD 常用功能。绘图文件保存的格式为 WRK，也可输出 DXF、DWG、BMP、GIF、PCX、TIFF、WMP 等格式的图片文件。对于读入其他软件生成的图形，常用的格式有 DWG 和 DXF。有时读入不成功，可能是由生成图形的软件版本过高引起的。可将图形另存为一个较低版本的文件再读入到 TwinCAD 软件中。

3.1.4　刀具路径前处理参数设定

用 TwinCAD 作图，完成后对图形进行串接，将图形移动到一个适当的位置，在指令栏中输入 WTCAM 后回车或点击线切割专用指令图标，出现如图3-29所示的提示：

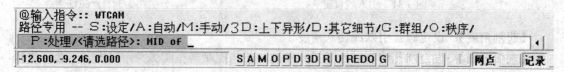

图 3-29　线切割路径设定

在指令输入区输入 S 后回车，出现如图3-30所示的画面：

【引线长度】：本选项在设定引入线的长度。当内孔路径切入点至对边的垂直距离，小于引入线长度的设定值，引入线会超出像素而破坏工件，系统有保护措施，即自动取中间值。一般设为 3~5mm。如图3-31所示。

【切割方向】：设定切割方向为顺时针(CW)或逆时针(CCW)。

【路径型态】：内孔起割设模孔(DIE)，外形起割设冲块(PUNCH)。

【垂直点】：由穿线孔作引入线垂直于切入边。

【中点】：切入点设定在切入边的中点，且系统会自动对切入边的中点做像素中断(BREAK)。切入点的类型，两个都勾选时首选为垂直点。

【自动于模孔进入点处产生油沟】：像素转成刀具路径时，系统会自动以像素与引入线交点处为圆心，产生油沟（图 3-32）。若指定深度可调整圆心的偏移距离。对某些导销孔、导柱孔、导套孔非常适用。

【由圆心起割】：设定圆孔引入线是否由圆心起割。

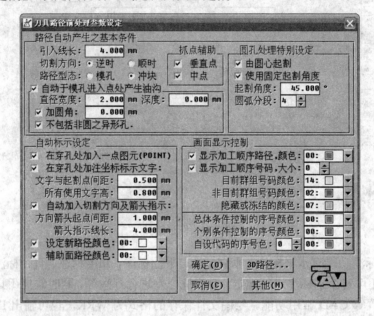

图 3-30　刀具路径前处理参数设定

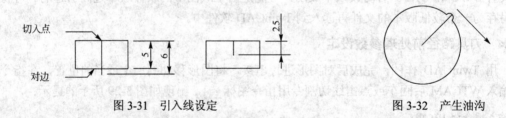

图 3-31　引入线设定　　　　　　　　　　图 3-32　产生油沟

【起割角度】：设定圆孔引入线切入角度。

【圆弧分段】：设定圆孔切割时的圆弧分段数。某些控制器在圆弧跨距过大时，会产生精度问题。有效的圆弧分段数设定值介于 2 与 16 之间，系统内定值为 2。

按【其他(M)】按钮后显示图 3-33，可根据具体机床来进行选择设定。

【加工留料厚为主（正值恒向起割点的方向）】：若点选此项设定，则当补偿值设为正值时，表示程序路径会向起割点的方向做补偿。主要用于留料厚的加工方式。

【正值角度表示开口向下】：若点选此项设定，则当斜度角度设为正值时，表示斜度开口向下（如图 3-34 所示）。

【编程处理时，先自动进入编程条件设定】：点选此项设定时，在进入编程状态时，可直接进入编程条件设定界面。

第 3 章 编程软件应用

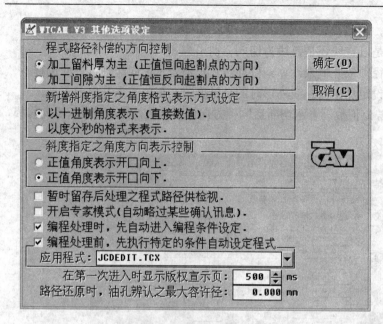

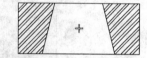

图 3-33 其他选项设定   图 3-34 正值角度表示开口向下

【编程处理前，先执行特定的条件自动设定程式】：点选此项设定，并输入预先规划好的 TCL 或 TCX 程序，则系统会在编程处理之前，自动设定指定的切割条件。这个功能要配合相应的规划文件，如 JCDEDIT.TCX 文件。

3.1.5 刀具路径后处理参数设定

1. 基本编程控制

在指令栏中输入 WTCAM 后回车或点击线切割专用指令图标，出现如图 3-35 所示的提示：

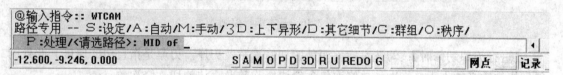

图 3-35 线切割路径设定

输入 P 回车后进入总体条件设定的基本编程控制，出现如图 3-36 所示的显示。本功能用来设定每一个路径像素的起始切入斜度、过切长度、修模次数、切断前暂停预留量等等。所谓"总体"的意义就是说这里的条件设定值会存入属于被程序默认的总体编程条件的路径像素中。以下分别说明基本编程控制条件的设定功能。

【后处理控制档】：后处理文件是计算机在将刀具路径参数转化机床认可格式的程序代码的中间文件。不同型号的机台都配有不用的后处理文件。本书是以夏米尔 FI240SLP 为教学机床，CT440.PCF 是 FI240SLP 机床的通用后处理文件，以 PCZ 为后缀的文件为机床的专用后处理文件。

【趋近长度设定】：本项设定用以计算自起割点到进入点之间的一个分段点，以利切割条件的改变及其他特殊的目的，例如，若设定以弧线切入，则以此点为圆弧的中心点。

【过切长度设定】：指定一定有效的过切长度，以消除在切入点处产生的凸边，正值表示绝对长度，负值则为线径比。

【切入切出方式】：设定是以直线还是弧线为切入、切出方式。

【程式补偿留料厚】：路径须依此值来计算偏位补偿，正值表示恒向起割点方向偏移。

【全斜起始切入斜度】：设定加工内孔或外形时的全锥度值，正值表示开口向下。

【多次加工修模次数】：若为正数则表示切断后同一方向修模次数，负值则表示反向修模，若为零则不修模。

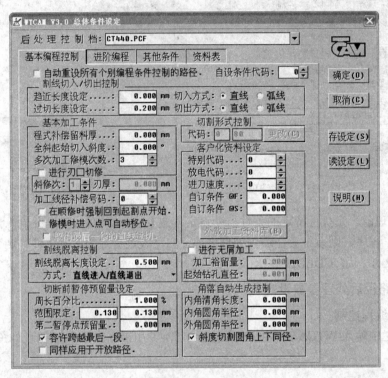

图3-36　基本编程控制

【进行刃口切修时】：勾选设定斜面处的切修次数及刃厚，刃厚是指直边的厚度。此处的斜切修次数必须小于总修次。总修次包含斜边修次数及直边的切、修次数。

【加工线径补偿号码】：第一次粗切割时的偏移量（寄存器号）。部分机床如夏米尔290P机床使用。

【放电代码】：第一次粗切割时的规准号。部分机床如夏米尔290P机床使用。

【在顺修时强制回到起割点开始】：勾选时可设定在顺修时强制回到起割点开始。

【修模时进入点可自动移位】：勾选设定在修模时进入点可自动移位，消除切入点刀痕。

【割线脱离长度设定】：当工件进行整修加工前，必要事先更换其补正值或是其他的加工条件。然而，补正条件的变换，必须把铜线暂时离开工件表面的路径一段距离。等到条件变换完成后，再让铜线回到工件的表面，然后，才开始进行整修加工。而把这段暂时离开的距离就称为"割线脱离长度"。割线离开加工表面更换加工条件时所需要的最小距离，正值表示绝对长度，负值则为线径比。

【割线脱离方式设定】：WTCAM共提供四种割线脱离方式。一般设定以直线的方式进出，也可用弧进弧出的方式，或以直线偏位的方法，来解除引入点处有"毛头"的困扰。

【切断前暂停预留量设定】：当工件断落之前，会取一个前置量先行暂停，以便进行"防落处理"。而前置量的大小，通常都会设定某一个固定的数值，如0.5单位长度，作为该工件暂停点的前置量。周长百分比是计算切断前暂停的保留长度，以加工轮廓的周长百分比为依据。范围限定是规定预留量的上下限值。

【容许跨越最后一段】：勾选时有效，表示当最后一段路径小于设定值时，断前预留点会前移到上一路径上。

【进行无屑加工】：采用无屑切割的目的大部分是为了细小孔的加工处理，也有人为了达到无人看管机器的目的而采用无屑切割的做法。2D/3D路径皆可使用无屑加工。需要无屑加工时可勾选此项，参数设定包括加工预留量和起始钻孔直径两项设定。

【加工裕留量】：设定裕留量的目的是为了工件后续精修加工时使用。无屑切割的精度和表面粗糙度比较差，因此，必须留一些加工余量给后续修刀时使用。留料与工件正确尺寸的距离，就称为"裕留量"。裕留量的大小应视放电间隙、后续加工的次数和工件精度而定。由于系统是以G40的方式进行无屑切割，故实际的裕留量为设定的裕留量再加上电极丝的半径。一般总"加工裕留量"的经验值为0.2~0.3mm。

【内角清角长度】：非零值则指定所有在设定的角度范围内的内角都要产生清角。正值表示绕圆清角及其半径值，负值则表示以直进清角及其长度。如图3-37所示。此一设定优先于内角自动圆角的功能。

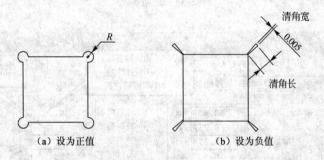

图3-37 清角长度设定

【内角圆角半径】、【外角圆角半径】：当工件的圆角为某一固定值，可以不必在绘图时一一画出每个角落的圆角。WTCAM系统会自动判断其内、外角的状况，自动产生出圆角的NC路径。此处设定为非零值时则指定所有在设定的角度范围内的内角或外角都要以此值产生圆角。

【斜度切割圆角上下同径】：勾选此项设定，则在斜度切割时，圆角将以上下同径方式为之；否则，在两边同等斜度的角落，圆角将以同样斜度的角锥面来产生。

2．进阶编程

按【进阶编程】按钮，出现图3-38所示的画面，若【应用此项进阶加工条件】，可以设定在精修、切断或无屑切割时之各项加工条件。补偿码是精修时的偏移量寄存器号，放电码是加工规准号，P行为切断支撑段时的设置，S行为无屑加工时的设置。夏米尔240机床则不需要勾选此项设定。

3．其他条件

点击【其他条件】按钮，显示图3-39，在此界面中可对编程过程中的一些细节作设定，以完善所编的程序。

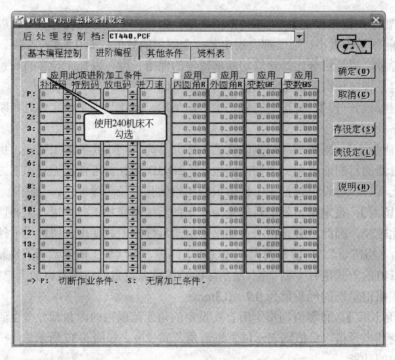

图 3-38 进阶编程

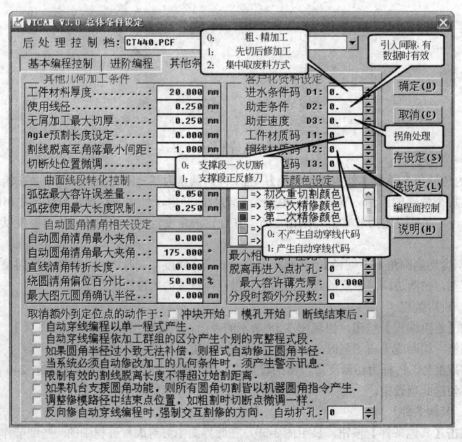

图 3-39 其他条件

【工件材料厚度】：定义切割材料厚度。

【使用线径】：定义线电极直径。

【无屑加工最大切厚】：一般设定值小于丝的直径。

【Agie 预割长度设定】：针对 Agie 控制器的特性，进行上下异形切割时设的所切入的第一图元必须为直线段的长度设定。

【割线脱离至角落最小间距】：设定割线脱离之位置须避开角落之最小间距值。

【弧弦最大容许误差量】：当曲线被分割成许多的直线段，用直线段逼近于曲线边界，仍会存在少许的误差，其最大的误差值不得大于本参数所设定的值。

【弧弦使用最大长度限制】：每一曲线分段的规则是以"分段精度"为主，求其最大可容许的线段长度。当曲线的弧度较大，则可求得较长的线段。如果曲线的弧度太大，以一段直线替代时，唯恐影响外形轮廓的精度。因此，系统会自动缩小线段的长度，直到该长度小于"最大分段长"为止。

【自动圆角清角最小（最大）夹角】：自动圆角清角在实际应用上，夹角如果太大，导圆角就没有意义了；而夹角如果太小，导圆角之后，外形就会有失真的情况。因此，在某个夹角范围才做圆角处理，是很合理的要求。此两个项目就是用来设定做自动圆角清角的范围。

【直线清角转折长度】：此项目用于设定直线清角的宽度。因为，按照绝大部分的 NC 控制器的要求：当补正功能有效的行程中，无法于同一直线方向中做折返运动。WTCAM 的解决方式，是在于折返处多一条近似垂直方向的路径，形成一个三角形的回路。此处所多出来的那条路径，其长度则称为清角的宽度。本项功能在于让使用者可以自由设定清角的宽度。系统出货时内定的宽度设定为 0.005 单位。值得注意的是，虽然系统清角宽度设得很小，但因为还有补正的效应，所以最少会有两个补正量的沟槽宽度产生。

【绕圆清角偏位百分比】：此功能用来调整圆弧清角的圆心位置。调整的方式是以圆弧半径乘以偏位百分比所得到的数值，作为圆心偏位的距离。所以，当偏位百分比为 0 时，则表示不偏位；偏位百分比为 100 时，偏位量即等于圆弧的半径值。

【最大图元圆角确认半径】：WTCAM 的旧有规则，对于在路径前处理时以 FILLET 指令产生的圆角，于后处理时仍以圆弧段处理，而目前新版 WTCAM 已增强自动圆角处理功能，可由几何分析直接读取图形中的圆角，并于后处理中以圆角处理。然而为了与先前版本兼容，系统新增了"最大像素圆角确认半径"的设定，可设定欲自动转为圆角后处理的最大半径值，只有小于该半径值的圆角或圆弧段，才会被检查并自动转为圆角后处理。

【进水条件码】：设成 0 时可对图形进行粗加工后进行精加工；设成 1 时可对图形先进行粗加工，所有图形全部完成后进行精加工；设成 2 时可产生适合自动穿丝的线切割机床的程序，粗加工时不切断废料，留一段断前预留，等全部的孔作类似的处理后再进行集中切断，最大限度地将人工取废料的时间集中在一个较短时间段中。

【助走条件】：引入间隙，0——无效；有数据时有效，程序中会产生 G10P16R***代码。

【助走速度】：拐角处理方式，0——G28，1——G29。

【工件材质码】：支撑段切断作业控制，0——支撑段一次切断，1——支撑段正反整修。

【铜线材质码】：0——不产生自动穿线代码 M50\M60；1——产生自动穿线代码 M50\M60。

【应用类型码】：编程面选择，0——编程面在下，1－编程面在上。

【路径显示颜色设定】：设定路径仿真时粗割及每次精修的路径颜色，操作者可从颜色分辨路径仿真的进度。

【脱离再进入点扩孔】：可于脱离点处绕圆圈或输出暂停秒数，以避开割线易断之问题。脱离的位置若是先前已割过的位置则不会扩孔，比如：于引入线脱离，则不会扩孔。

【最大允许薄壁厚】：此设定可提供系统对完全无屑的判定基准，比如：设定 0.1，当最后产生的薄壳厚小于 0.1，则系统认定为完全无屑，并自动取消切断前暂停功能。

【自动穿线编程以单一程式产生】：勾选此选项，则在自动穿线作业时，会产生单一程序，系统内定值为产生多段程序。亦可勾选【自动穿线编程依加工群组的区分产生个别的完整程序段】选项，将欲同时切割之路径设成同一群组，以改变自动穿线之切割顺序。

【如果圆角半径过小致无法补偿，则程式自动修正圆角半径】：若勾选此项设定，则当所设定的圆角半径过小（小于线径的 1/2）以致无法做补偿时，系统会自动将圆角半径修正为线径的 1/2。

【当系统必须自动修正加工的几何条件时，须产生警示讯息】：若勾选此项设定，则当系统自动修改加工的几何条件（例如自动修正圆角半径等）时，系统会在指令提示区产生警告讯息。

【限制有效的割线脱离长度不得超过始割距离】：若勾选此项设定，则有效脱离长度将不超出引入线长度。

【如果机台支持圆角功能，则所有圆角切割皆以机器圆角指令产生】：若勾选此项设定，则所有的圆角切割都会以机台支持的机器圆角指令产生。

【调整修模路径中结束点位置，如粗割时切断点微调一样】：若勾选此项设定，则顺修时配合过切=0，切断微调设负值，及勾选基本加工条件设定中"在顺修时强制回到起割点开始"选项，则可使每一刀于切断点（引入点）前提前脱离。提前脱离的距离依切断微调设定值而定。

【反向修自动穿线编程时，强制交互割修的方向】：若勾选此项设定，则修模时由脱离点开始整修，并且预先自动扩孔，供下次自动穿线使用。

4．资料表

点选【资料表】，显示图 3-40 所示的界面。可将加工条件预先输入数据表中，其中「项次」编号对应〔进阶编程〕设定中的索引代码，各数据表内容则对应各索引代码指向之实际内容。

图 3-40　资料表

3.1.6 起割点、切入边、切割方向的设定

起割点、切入边、切割方向的设定有两种方式：自动和手动。

1. 自动方式

自动方式选取起割点、切入边、切割方向依赖于刀具路径前处理参数设定，主要参数包括：引入线长度、切割方向、切割路径型态、切入点类型、圆孔切割设定、自动产生油沟等。如图 3-41 所示。

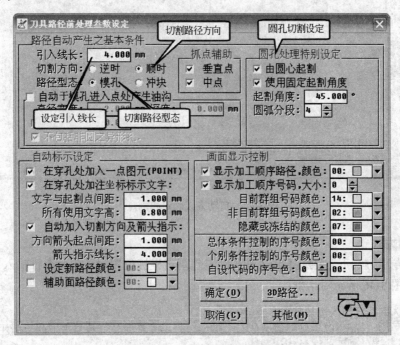

图 3-41　刀具路径前处理设定

在指令栏中输入 WTCAM 后回车或点击线切割专用指令图标 ，出现如图 3-42 所示的提示：

```
请选取图元切入边及其进入点：
路径专用 -- S:设定/A:自动/M:手动/3D:上下异形/D:其它细节/G:群组/O:
 P:处理/<请选路径>：MID of
```

图 3-42　路径设定

输入 A，回车后出现图 3-43 所示提示：

```
路径专用 -- S:设定/A:自动/M:手动/3D:上下异形/D:其它细节/G:群组/O:秩序/
 P:处理/<请选路径>：MID of a
请选取一封闭性的区域、圆或复线 (+):
```

图 3-43　选择封闭图形

用鼠标框选某些图形后右击，完成图形的切入点、引入线、切割方向等参数的设置。如图 3-44 所示。

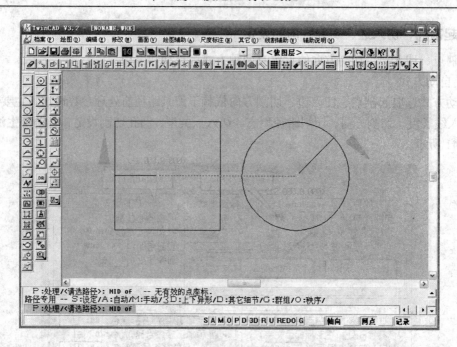

图 3-44　自动方式确定起割点

2. 手动方式

在路径专用方式下，要选择手动方式确定起割点坐标位置时，在命令行输入 M 回车，出现图 3-45、图 3-46 所示对话框：

图 3-45　路径设定

图 3-46　输入或点取起割点坐标

输入（0，0）回车，出现图 3-47 所示对话框：

图 3-47　选择切入边或进入点

用鼠标点选上面的一条边，出现图 3-48 所示对话框：

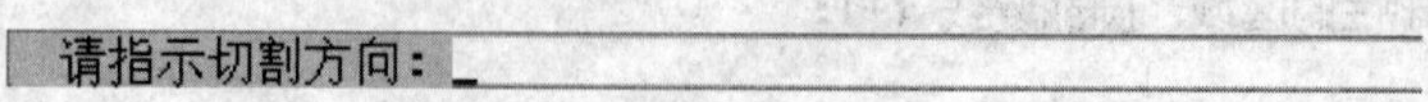

图 3-48　选择切割方向

然后鼠标右移一点距离点击图面选择切割方向。完成后出现图 3-49 所示。

第 3 章 编程软件应用

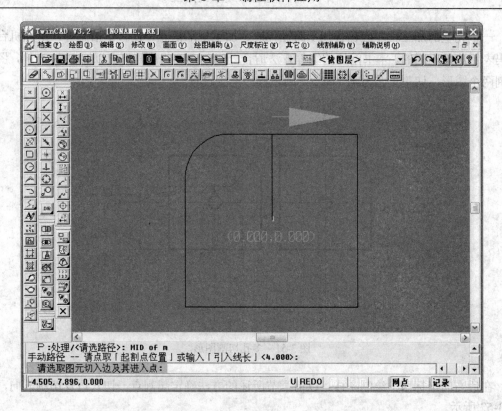

图 3-49 显示起割点和切割方向

出现图 3-50 所示对话框：

手动路径 -- 请点取「起割点位置」或输入「引入线长」<4.000>:_

图 3-50 输入起割点坐标

按两次回车键或空格键后返回到路径专用方式。如图 3-45 所示。

3.2 各类切割方式参数设定

零件的切割类型有凹模孔（模板）切割、凸模切割、锥度切割、无屑切割、上下异形切割、刃口切修等。不同的切割类型有不同的加工方法和特殊要求，掌握这些不同的切割类型的参数设置方法，对线切割加工人员是非常重要的。下面分别介绍这些切割类型是怎样进行参数设置的。

3.2.1 模孔切割参数设置

1. 单孔或多孔切割参数设置

模孔切割分为单孔和多孔切割，切割次数一般为多次切割，对多孔多次切割加工，由于孔的用途不同，加工规准有时也不同，模板类零件一般会采用先粗加工后精加工的方法切割，有自动穿丝功能的机床时，要编制适合机床自动穿丝加工的切割程序。

一个完整的加工程序应包含加工路径代码、加工规准信息、偏移量信息等，不同机台的代码表示法是不同的。本书阐述的编程方法适合夏米尔 240 机床。下面以图 3-51 为例，图中切割两个图形，切割工艺为割 1 修 2，阐述程序产生过程。

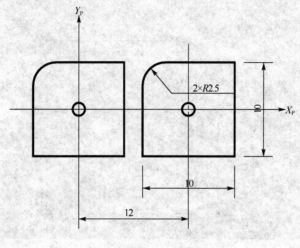

图 3-51　多孔切割图形

在适当的坐标系中绘制图样，以前章节所述的方法确定起割点、切入边及切割方向，如图 3-52 所示。

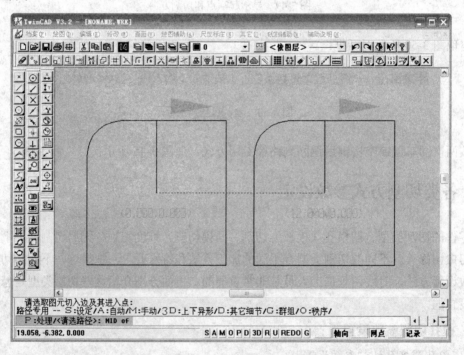

图 3-52　确定起割点、切入边及切割方向

在【路径专用】栏输入 P 回车进入【总体条件设定】画面。选择合适的后处理文件，设置【多次加工修模次数】为 2，设置【割线脱离长度设定】为 0.5，设置【割线脱离控制】中

的【范围限定】为 0.15 左右，如图 3-53 所示。按【确定】按钮，再按 2 次空格键（或回车键或鼠标右键），出现如图 3-54 所示的程序文件输出路径。

图 3-53　总体条件设定

图 3-54　程序文件输出路径

在程序文件输出路径对话框中输入适当的文件名，按【保存】按钮，同时按下空格键，使程序产生过程暂停，以便于观察程序代码及路径模拟情况，再每按空格键一次，便产生一条程序。按回车键或鼠标右键取消暂停状态。如图 3-55 所示。

在程序存放路径中找到程序文件，右击文件并使用记事本方式（或使用专用程序 NcEdit）打开文件，如图 3-56 所示。此时可对文件作必要的修改等。

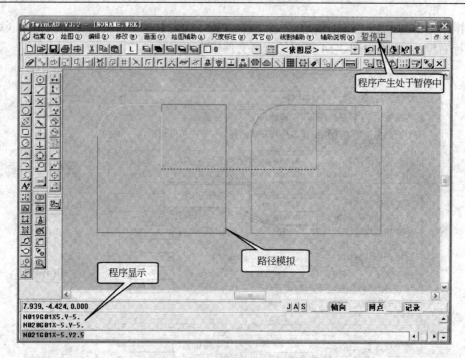

图 3-55 程序产生过程处于暂停状态

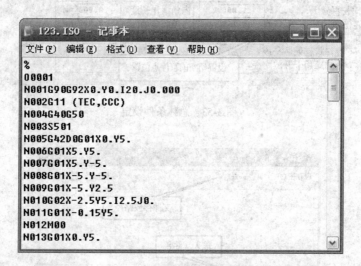

图 3-56 产生的程序文件内容

至此，完整的程序已经产生完毕，使用适当的方法将程序文件输入到机床中即可。程序的内容及代码含义如下：

程序内容	代码含义
%	起始符
O0001	程序号
N001 G90 G92 X0. Y0. I20. J0.000	定义起割点的工件坐标、基准面、辅助面高度
N002 G11 (TEC,CCC)	激活工艺文件
N003 G40 G50	取消偏移、锥度

N004 S501	选取工艺文件 CCC.TEC 中 501 行的加工规准
N005 G42 D0 G01 X0. Y5.	选择工艺文件中的偏移量（D0）右偏移加工
N006 G01 X5. Y5.	直线切割加工至坐标（5，5）
N007 G01 X5. Y-5.	直线切割加工至坐标（5，-5）
N008 G01 X-5. Y-5.	直线切割加工至坐标（-5，-5）
N009 G01 X-5. Y2.5	直线切割加工至坐标（-5，2.5）
N010 G02 X-2.5 Y5. I2.5 J0.	圆弧切割至坐标（-2.5，5），I、J 为圆弧中心的相对于圆弧起割点坐标
N011 G01 X-0.15 Y5.	切割至暂定点
N012 M00	暂停（取废料）
N013 G01 X0. Y5.	直线切割加工至坐标（0，5）
N014 G40 G01 X0. Y4.5	离开加工面、取消偏移
N015 G40 G50	取消偏移、锥度
N016 S502	选取工艺文件 CCC.TEC 中 502 行的加工规准
N017 G42 D0 G01 X0. Y5.	选择工艺文件中的偏移量（D0）右偏移加工
…………	
N037 M00	暂停
N038 G00 X12. Y0.	移至下一个孔
N039 M00	暂停
…………	
N079 M30	程序结束

%

2．多孔变规准切割参数设置

对于模板类零件的加工，由于模板上孔的用途各不相同，必须对模板进行变规准加工。例如，销钉孔可割 1 修 3，镶件孔可割 1 修 1 等。再次利用图 3-51 所示的案例，当进行到【总体条件设定】后按【确定】按钮，按一次空格键，出现如图 3-57 所示的提示：

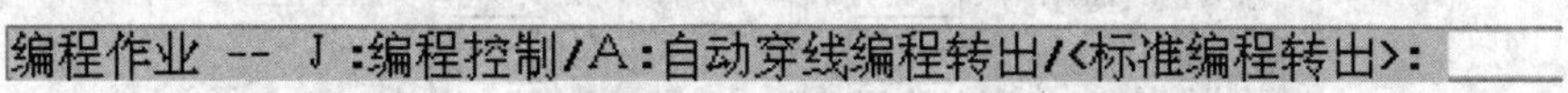

编程作业 -- J:编程控制/A:自动穿线编程转出/<标准编程转出>：

图 3-57　编程作业对话框

输入 J 回车，出现如图 3-58 所示的提示：

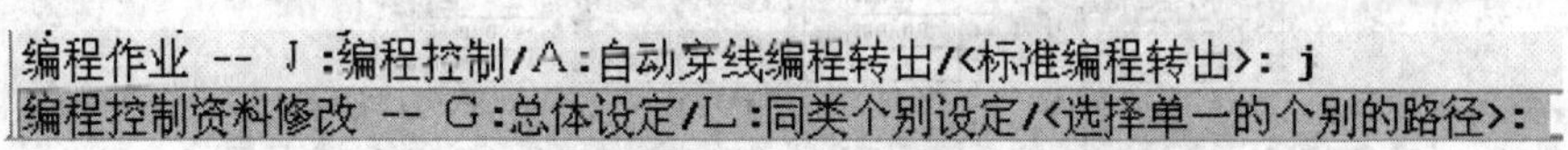

编程作业 -- J:编程控制/A:自动穿线编程转出/<标准编程转出>：j
编程控制资料修改 -- G:总体设定/L:同类个别设定/<选择单一的个别的路径>：

图 3-58　编程控制

此时可选取需改变加工规准的图形，若是有多个孔需改变加工规准，则可先输入 L 回车后再逐一选择图形，选择完毕后右击鼠标，出现如图 3-59 所示的个别编程条件控制对话框。在【容许个别编程条件控制】前打"√"激活对话框，再在相应的参数设置框中设置加工参数。

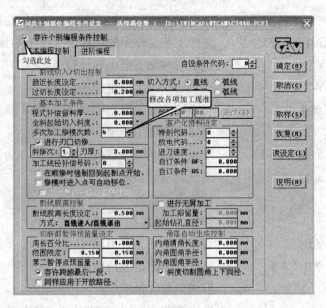

图 3-59　修改加工规准

参数修改完成后按【确定】按钮，再按 2 次空格键后出现如图 3-54 所示的文件存放路径对话框，输入文件名，按【保存】按钮即可。

由于模板上会有较多的孔，一般要至少有一个孔的参数是用【总体条件设定】来确定参数，以便可以更改【总体条件设定】中的【其他条件】参数。

3．多孔先切后修切割参数设置

材料在加工过程中，被切去材料处会有应力的重新分布现象，使材料变形量增加，所以对某个孔进行多次加工后，往往由于后续孔的加工而使它的精度变差。在这种情况下，可以采用先粗加工后修刀的方法来加工，即所有的孔的粗加工完成后再进行精加工修刀。还是以图 3-51 所示的案例为例，在【总体条件设定】中点选【其他条件】，修改【进水条件码】为 1，如图 3-60 所示。

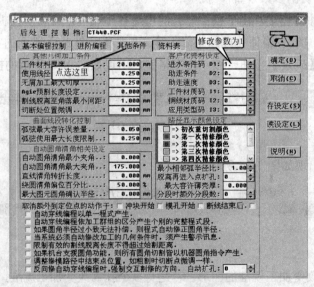

图 3-60　先切后修切割参数设置

按【确定】按钮，按一次空格键，出现如图 3-61 所示的提示：

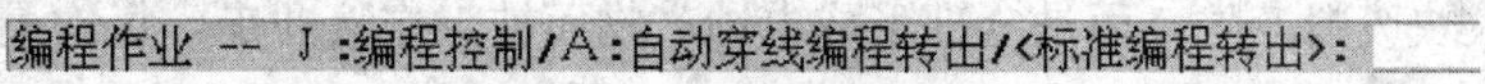

编程作业 -- J:编程控制/A:自动穿线编程转出/<标准编程转出>:

图 3-61 编程作业对话框

输入 A 回车，出现如图 3-54 所示的文件存放路径对话框，输入文件名，按【保存】按钮即可。

4．多孔带自动穿线代码切割参数设置

现在使用的机床中，带自动穿线功能的机床越来越多，夏米尔 240 就是其中之一。M60 表示自动穿线，M50 表示自动剪线。在【总体条件设定】中点选【其他条件】，修改【铜线材质码】为 1，如图 3-62 所示。

图 3-62 产生自动穿线代码参数设置

按【确定】按钮，按一次空格键，出现如图 3-63 所示的提示：

编程作业 -- J:编程控制/A:自动穿线编程转出/<标准编程转出>:

图 3-63 编程作业对话框

输入 A 回车，出现如图 3-54 所示的文件存放路径对话框，输入文件名，按【保存】按钮即可。

5．集中取废料方式切割参数设置

在模板加工过程中经常会碰到繁琐的取废料问题，能否将取废料工序集中在一个相对较短的时间段内，以提高取废料的效率，并充分发挥机床的自动穿线功能。

在【总体条件设定】中点选【其他条件】，修改【进水条件码】为 2，并配合自动穿线功能，即【铜线材质码】参数设为 1，如图 3-64 所示。为了防止废料掉落，可将断前预留量放大一点，如设为 2，也可再设置第二暂停点预留量，如设置为 0.15。如图 3-65 所示。在程序中，第二暂停点的暂停代码为 M01，即条件暂停，如要使之有效，可在机床中设置相关参数，如将 OSP 参数设为有效。如图 3-66 所示。

这种加工方式虽然能在较短时间内取出废料，但由于割线脱离加工面时不能扩孔，使后续的自动穿线较为困难，自动穿线成功率降低，穿线不成功时可辅以手动穿线。

6．无屑加工切割参数设置

无屑切割也是一种常见的切割方式，特别适用于窄缝切割及实现无人看管自动切割，在切割过程中无大块废料产生，而是全部形成电蚀产物而被工作液冲走，每次最大切厚不超过电极丝的直径。

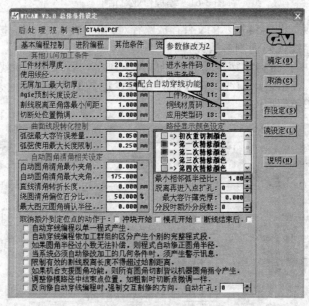

图 3-64　集中取废料方式参数设置（一）

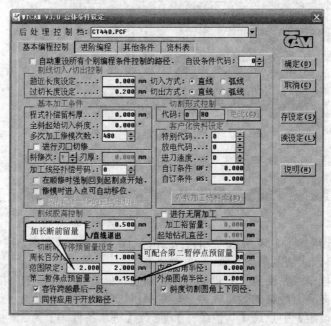

图 3-65　集中取废料方式参数设置（二）

无屑切割是在 G40 无偏移方式下进行切割的，勾选【进行无屑加工】，在【加工预留量】栏中设为 0.2～0.3（经验值），【起始钻孔直径】至少设为 0.001，其他加工参数设置与之前的相似。参数设置见图 3-67 所示。

7．锥孔加工切割参数设置

有两种方法设定锥度切割的倾斜角。第一种方法是可在【基本编程控制】中的【全斜起始切入斜度】中设置角度值，如图 3-68 所示。通常设成负角度，以便使工件切割时上大下小，便于取出废料。

第 3 章 编程软件应用

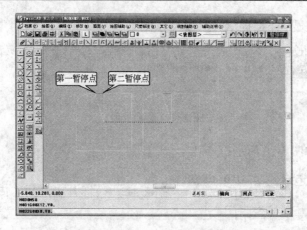

图 3-66 第一、第二暂停点位置

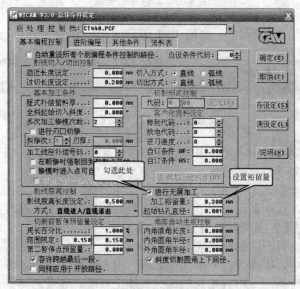

图 3-67 无屑加工参数设置

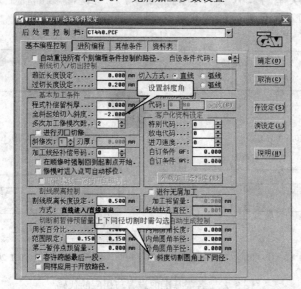

图 3-68 锥度切割参数设置

第二种方法是在显示下面提示时，输入 D 回车，如图 3-69 所示：

```
路径专用 -- S:设定/A:自动/M:手动/3D:上下异形/D:其他细节/G:群组/O:秩序.
    P:处理/<请选路径>: MID of   *指令取消*
@输入指令:_
```

图 3-69　路径处理

输入 T 回车，如图 3-70 所示：

```
    P:处理/<请选路径>: MID of D
其他细节 -- N:凹槽/R:反向/I:内外反转/A:插入码/D:还原/T:斜度/
    O:设定开放/C:检查封闭:_
```

图 3-70　其他细节处理

输入倾斜角度（如-1.5）回车，如图 3-71 所示：

```
其他细节 -- N:凹槽/R:反向/I:内外反转/A:插入码/D:还原/T:斜度/
    O:设定开放/C:检查封闭:t
部份斜度 -- U:取消/R:归零/F:指定圆角/S:同斜段/T:料厚/<斜度角 (0.°)>: -1.5
```

图 3-71　输入倾斜角

若是全部斜度，则点选引入线；若是部分斜度，则点选倾斜边，或更改倾斜角后再点选倾斜边。这种方式优先于第一种方式。

对于需上下同径切割，则在图 3-71 所示的对话框中输入 F（指定圆角）后回车，点选需上下同径的圆弧路径，在圆弧图形附近立即会出现@R 符号，表示这段圆弧上下同径切割，同时需在图 3-68 中的【斜度切割圆角上下同径】栏前打"√"。在产生的上下同径切割程序中对不同的机台程序会有不同的程序表示法。

在直壁型腔切割中，很少关注基准面的高度，但在锥度切割中，基准面的高度显得尤为重要，因为基准面高度不同，将直接影响锥孔的加工精度。在【总体条件设定】中点选【其他条件】，修改【应用类型码】，0 表示基准面在下方，1 表示基准面在上方。各类基准面设置与相应的代码如图 3-72 所示。

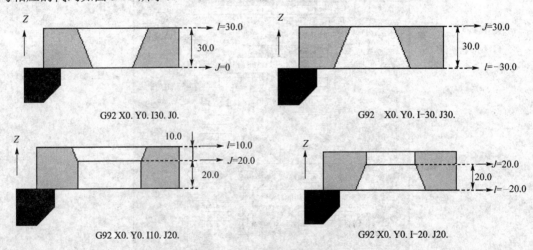

图 3-72　各类基准面设置与相应的代码

在锥度切割编程中，有时切割的孔较小，而工件高度较高时，程序中取消锥度行的 X、Y 坐标会超越孔的边界，此时需人工修改坐标值。此错误一般可在机床上模拟出来。锥度切割也可进行无屑切割加工。

8. 刃口切修加工参数设置

刃口切修是专门切割冷冲压模刃口和下料孔等类型孔的切割方式，一般先切割斜孔，再切割直孔，参数设置与前面讲解的所不同，例如，要将斜孔割 1 修 1，刃口割 1 修 2，那么总的切割次数为 5 次，则修次数要设为 4 次，为了取废料方便，可将斜度设置成负值，使其开口方向向上。其余参数设置与前面讲解的相同。参数设置如图 3-73 所示。

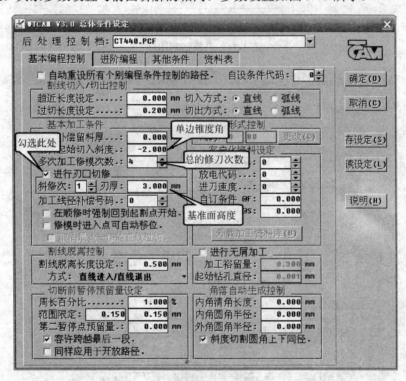

图 3-73 刃口切修参数设置

在实际生产中，对于刃口切修，也可采用分步编程法，即先编制锥孔切割程序，再编制直孔切割程序，再将两段程序合二为一并修改部分代码后进行加工。

3.2.2 凸模切割参数设置

凸模切割参数设置与模孔切割参数设置有所不同，在切割凸模时要将起割点设置在切割图形的外侧，起割点位置离切入边距离不宜过长。为了对凸模进行修刀，必须留有一段支撑段，防止凸模从材料上掉下，支撑段可一次切断，也可修刀处理。修刀时若要进行反向修刀，需将【多次加工修模次数】设为负值，支撑段长度需合适，多件加工时要注意排样方式，以方便加工和节约材料。下面分别对几种情况作一下介绍。

1. 支撑段一次切断加工参数设置

如要切割如图 3-74 所示的凸模零件，割 1 修 2，支撑段一次切断，参数设置如图 3-75、图 3-76 所示。

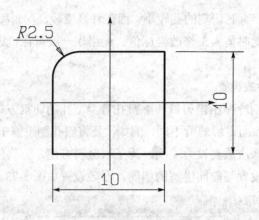

图 3-74　凸模切割图样

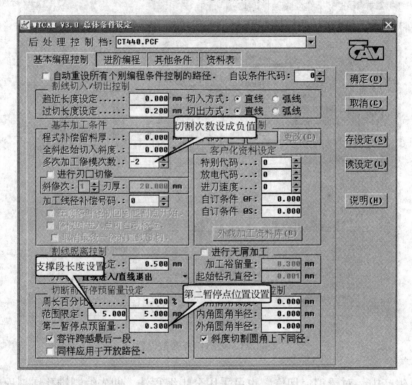

图 3-75　凸模切割参数设置

对于支撑段一次切断的切割方式，为了防止支撑段割断时凸模掉下被电极丝蚀伤损坏，可设置第二暂停点，如图 3-75、图 3-76 所示。在程序中，第二暂停点的暂停代码为 M01，即条件暂停，如要使之有效，可在机床中设置相关参数，如将 OSP 参数设为有效。也可手动直接将其该为 M00，使之无条件暂停。

凸模零件的支撑段一次切断后，可使用磨床对支撑段进行磨削加工，所以支撑段一般会安排在直边上，以方便磨削加工。

另外，切割凸模时，可在割线再进入点处扩孔加工，使电极丝再进入时不会短路。参数大于零时表示以线径单位扩孔。如图 3-77 所示。

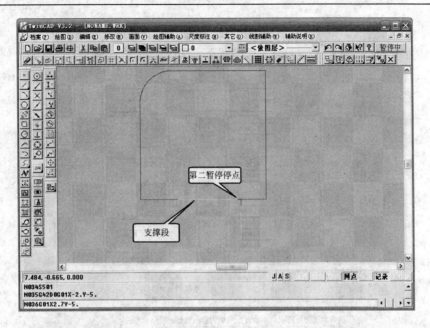

图 3-76 支撑段一次切断

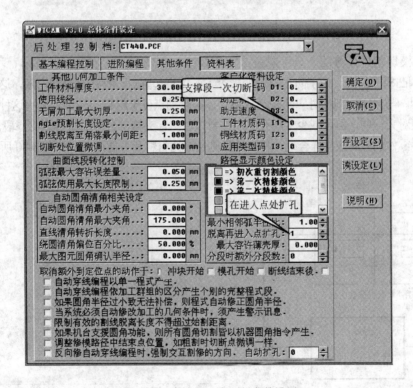

图 3-77 支撑段一次切断参数设置

2. 支撑段多次修刀加工参数设置

对于没有直边的零件，如圆形工件，则支撑段必须进行修刀切割，参数设置如图 3-78 所示。在切割支撑段前，程序会有一个暂停代码 M00，此时可用适当大小及厚度的铜片塞入切缝，并在干燥后的铜片附近涂上适量的快干胶，如 502 胶等，以固定凸模工件，再进行后续切割。

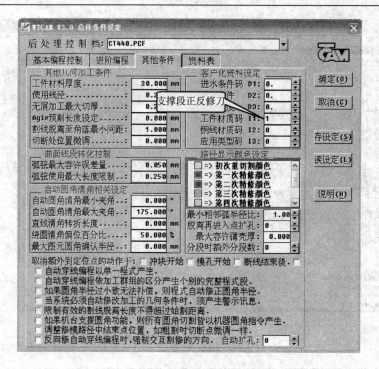

图 3-78 支撑段修刀参数设置

3. 凸模切割排样方法

在切割凸模零件时,为了防止材料变形过大,可将起割点设置在材料的内部,这种切割方式叫封闭切割。与封闭切割相对应的是开放切割,即起割点位于材料的外部,采用这种切割方式时材料变形相对大一些,但可减少穿线孔的制作数量。工件夹持部分应尽量靠近支撑段,如图 3-79 所示。多件零件加工时应排样合理,排样的原则是节约材料和方便加工,如图 3-80 所示。

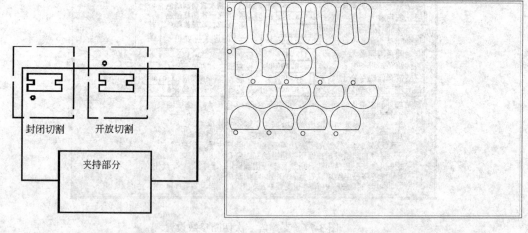

图 3-79 开放式与封闭式切割 　　　　图 3-80 凸模排样

3.2.3 镶件切割参数设置

镶件是指带孔的零件,在模具中是指凹模镶件。镶件切割是模孔与外形切割的结合,一般应先切割孔,再加工外形。也可对孔和外形先进行粗加工,然后修刀,但这种做法较少应用。下面对镶件切割中常见的问题作一阐述。

1. 零件切割尺寸的确定

在零件图上，一般会对镶件的外形及内孔标出尺寸公差值，在实际加工中要对这些尺寸作出分析，既要考虑到与其他零件的配合因素，又要考虑使用中的磨损因素，最终才能确定加工尺寸。由于线切割加工机床的精度都较高，尺寸要确定到小数点后三位。如图 3-81 所示的凹模镶件内孔为 $\phi 50^{+0.012}_{-0.018}$，由于其在使用过程中不断被磨损，所以在制造时要使尺寸处于公差带的偏下方的 90%处，这里公差带宽是 0.030，计算可得最终尺寸为 $\phi 4.985$。镶件外形与安装孔相配，选择单边过盈 0.01 左右，表面质量只要割 1 修 1 即可满足要求。

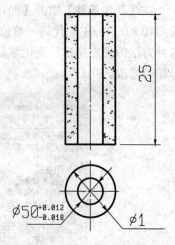

图 3-81 零件尺寸的确定

2. 间隙调整方法

在模具零件的加工中，凸模、凹模、镶件外形尺寸等经常会与其配对使用的零件作实配加工，所以在线切割加工中经常要缩放尺寸。缩放尺寸的最基本方法是重新绘制图样，这种方法的优点是既可以对图样进行整体缩放，又可以对部分图元进行缩放。在实际生产中，对图样进行整体缩放的情况较多，便捷的调整方法有利用编程软件进行间隙设置、添加附加间隙代码及机床间隙参数设置三种方法。如图 3-82 所示，在【总体条件设定】中的【程式补偿留料厚】中设置具体数值，正值表示路径朝向起割点方向的偏移量，坐标数值直接计算到 G 代码坐标值中。

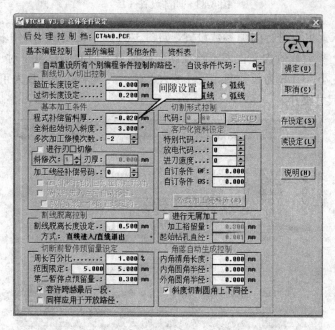

图 3-82 间隙设置（一）

在【其他条件】中的【助走条件】中设置具体数值,如 0.01,则在程序代码中会产生一条 G10 P16 R0.01 的代码,数值大小表示切割路径朝向起割点方向偏移量。如图 3-83 所示。这种方法的优点是路径变化参数不计算到 G 代码中,只是多了一条 G10 P16 R0.01 程序,便于随时修改。

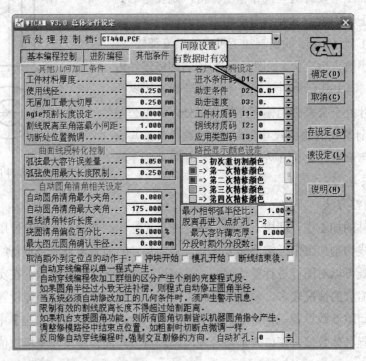

图 3-83　间隙设置(二)

另外,在机床上也可进行间隙参数设置,如图 3-84 所示的夏米尔 240 机床的用户参数页中的 CLE 参数,参数数值含义也表示路径朝向起割点方向的偏移量。对于凹模来说,CLE 为正数时,尺寸变小,CLE 为负数时,尺寸变大;对于凸模来说,CLE 为正数时,尺寸变大,CLE 为负数时,尺寸变小。

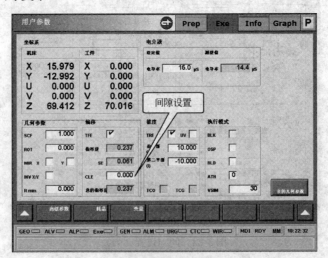

图 3-84　机床参数 CLE 的设置

第 3 章 编程软件应用

3．清角切割设置

在一些零件与其配合孔的安装中需清角相配，而线切割加工由于电极丝半径等因素的影响，从严格意义上讲是不能做到清角加工的，所谓的清角加工是将影响清角相配的孔的拐角处材料切除。点选下拉菜单【线割辅助】中的【清角】，在对话框中输入类型选项 T 回车，出现如图 3-85 所示的清角类型选项，软件提供了 12 种基本的清角处理方法，并可对每一种选项作参数调整。

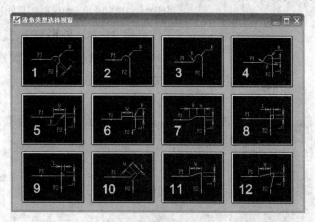

图 3-85　清角切割类型

3.2.4　其他类型切割

能使用线切割进行加工的零件类型有很多，切割方式多种多样，下面就几种较为特殊的类型进行介绍。

1．开放路径切割

所谓开放路径切割就是指切割路径不封闭的切割方式。开放路径切割在工程上的处理方法有两种，一是将开放路径人为封闭起来，形成封闭路径，再按封闭路径进行编程加工；二是直接按开放路径进行编程。如加工如图 3-86 所示的工件，原先凹槽处有材料，现要加工出此凹槽。加工方法可将凹槽图形进行封闭处理，如图 3-87（a）所示。或者按如图 3-87（b）所示的处理方法，切割点安排在材料的外侧，开放路径切割可反向修刀，即修刀次数设为负值。

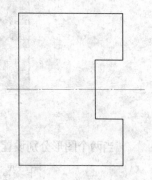

图 3-86　切割工件图样

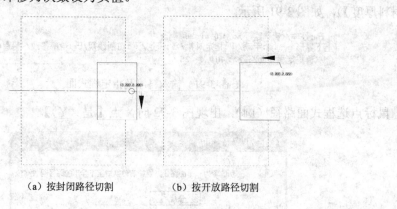

　（a）按封闭路径切割　　　　（b）按开放路径切割

图 3-87　开放切割处理方法

2. 上下异形切割

上下异形切割是一种较为复杂的切割方式。切割工件的上下两面的几何图形可以不同，也可上下两图形错位等。上下异形切割时要考虑机床的最大切割倾角。切割加工如图 3-88 所示的零件，工件高度 25 mm，外形割 1 修 2。分别绘制基准面与辅助面上的两个图样，设置相同的切割点与切割方向，如图 3-89 所示。

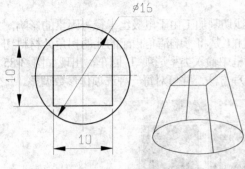

图 3-88　加工图样

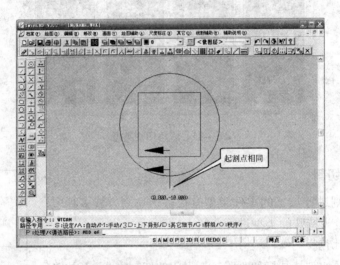

图 3-89　设置相同的切割点、切割方向

当两个图形分别设置完加工起割点及加工方向后，出现图 3-90 所示提示栏时输入 3D 回车：

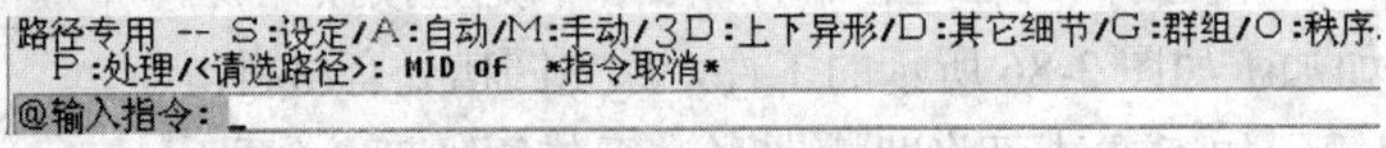

图 3-90　路径处理

出现下列提示栏时可输入料厚 25 并回车（此处料厚设置优先于【其他条件】中的【工件材料厚度】），如图 3-91 所示。

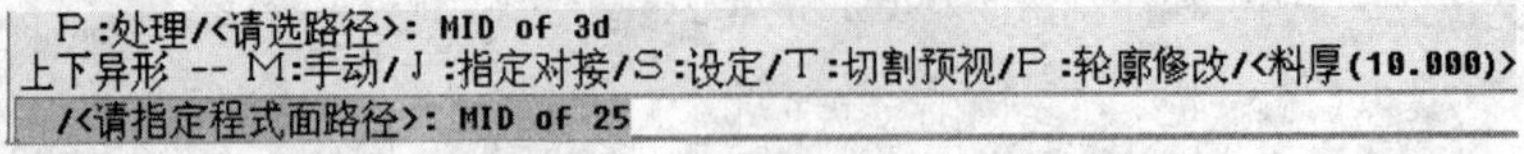

图 3-91　输入料厚及指定程式面

鼠标点选程式面路径（圆），出现图 3-92 时，点【是（Y）】。

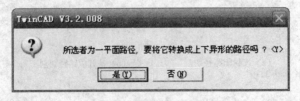

图 3-92　路径转换确认框

第3章 编程软件应用

出现图3-93所示提示栏时可用鼠标点选辅助面路径（正方形），又会出现图3-92时，点【是(Y)】。

```
/<请指定程式面路径>: MID of
程式面路径的高度及图元厚度自动归零.
请指定辅助面路径:
```

图3-93 指定辅助面路径

按一次空格键后，出现如图3-90所示的提示栏，输入P回车，出现【总体条件设定】参数设置画面，参数设置方法与切割凸模相同。如在【多次加工修模次数】中输入-2，在断前预留的【范围限定】中输入5，如图3-94所示。在【其他条件】的【工件材质码】中输入1。如图3-91所示。回车后，输入文件名后模拟的切割路径如图3-95所示。

由于上下异形件具有的立体效果，在画面控制类菜单中选择立体观测，如图3-96所示。

图3-94 上下异形参数设置

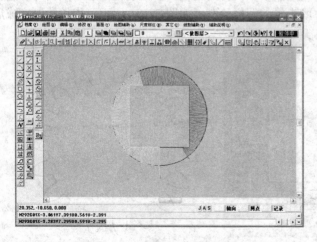

图3-95 上下异形切割路径模拟

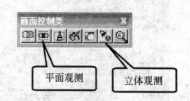

图3-96 例题观测与平面观测

出现如图3-97所示的对话框时输入D回车。路径模拟时出现如图3-98所示的效果。

图3-97 动态观测

3. 斜孔切割

斜孔是指倾斜了中心轴线的孔。在轴线方向观察，其视图为一完整的圆。斜孔切割应按照上下异形切割方式处理。由于圆柱面被一不垂直于其轴线的面截切后得到的图形是一个椭圆。所以在切割如图3-99所示的孔时，在绘制图形时应将上下面的图形绘制成椭圆。椭圆绘制完成后要进行串接处理。

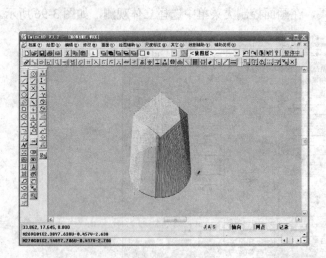

图3-98 立体观测效果

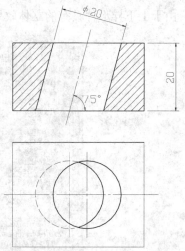

图3-99 斜孔切割

4. 齿轮切割

齿轮是机械零件中常见的零件，由于齿轮的齿面曲线为常用的渐开线（或摆线），软件提供了专用的绘图命令。点按【线割应用】图标的右下方的小三角，右移鼠标选择【齿轮应用】按钮，出现如图3-100所示的齿轮绘制参数设置对话框。参数设置完成后点击【确定】按钮，输入齿轮中心位置等参数，完成齿轮的图样绘制。如图3-101所示。齿轮绘制完成后不需要进行串接处理。

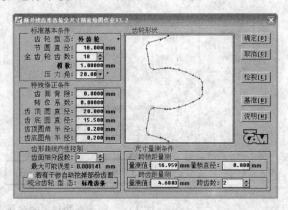

图3-100 齿轮参数设置

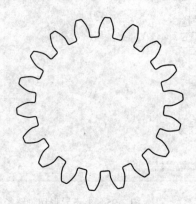

图3-101 绘制齿轮图样

切割参数设置时，如齿轮是内齿轮，按孔的切割方式设置参数；如是外齿轮，按凸模切割方式设置参数。切入点和割线脱离点不能选择在齿面上。如图3-102所示。

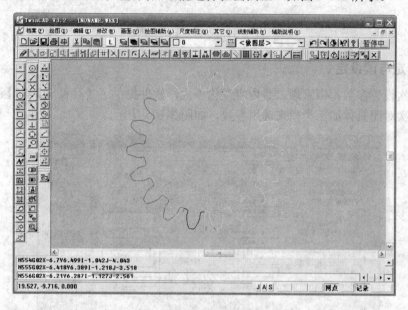

图3-102 齿轮切割模拟

5. 线切割价格计算

为了方便计算线切割的加工价格，软件提供了线切割价格计算模块。在计算线切割价格前先必须将路径的切割参数设置完成，并且程序已产生过一次。点选【线割辅助】下拉菜单，选择【价格设定】，如图3-103(a)所示。输入计价设定方式。点选【线割辅助】下拉菜单，选择【线割价格】，选择要计价的图形，右击后出现如图3-103(b)所示的加工计算框。输入线割单价，点击【重新计算】按钮，在【小计】栏出现切割价格。点击【输出】按钮，在绘图区域选择一点放置线割价格计算信息。如图3-104所示。

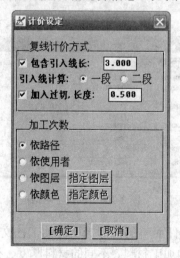

(a) 计价设定

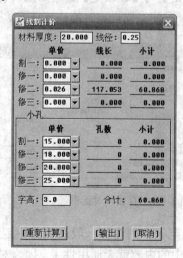

(b) 线割计价

图3-103 线切割价格计算

```
材料厚度: 20.000    线径  0.25
修二单价:  0.026 总长  117.053 小计:    60.868
                                 合计:    60.868
```

图 3-104 线割价格计算结果输出

3.2.5 存设定与读设定

由于每次设置参数都很繁琐，且内容变化不大，软件提供了【存设定】与【读设定】功能，以便每次对照具体加工类型来选用参数。如图 3-105 所示。

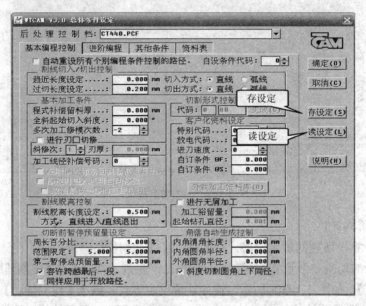

图 3-105 存设定与读设定按钮

【存设定】与【读设定】窗口如图 3-106 和图 3-107 所示。存设定时应给每种加工类型起一个名称，以便在读设定时能快速选取。

图 3-106 存设定对话框   图 3-107 读设定对话框

【存设定】中的内容一般是针对特定的工艺文件而言的，即当所选的工艺文件改变时，【存设定】中的内容就无通用性了。因为对于不同的加工材料、不同的材料厚度、不同的电极丝材质及热处理状态，都会有不同的加工工艺。而在使用不同的加工工艺对工件进行切割加工时，所用的规准是不同的。要解决这个问题，可以利用【资料库】的内容进行编程。

3.2.6 资料库

除了每次进行参数设定和使用【读设定】的方式以外，软件为了解决特定的工艺文件会有不同的加工规准这个问题，提供了另外一种更加精确的参数设定方式，这就是利用【条件自动设定程式】（或称【资料库】）来处理路径编程。当然，这需要事先规划好【条件自动设定程式】文件，如 JCDEDIT.TCX 文件。在进行程序编制过程中，当出现图 3-108 所示的路径设定对话框时输入 S 回车，选择【其他】按钮，出现如图 3-109 所示的画面，勾选【编程处理前，先执行特定的条件自动设定程式】，按【确定】按钮。

```
P:处理/<请选路径>: MID of s
路径专用 -- S:设定/A:自动/M:手动/3D:上下异形/D:其它细节/G:群组/O:秩序
P:处理/<请选路径>: MID of s_
```

图 3-108 路径设定

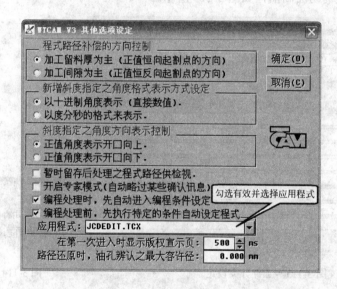

图 3-109 其他选项设定

在绘图时可先选择图层，在选定的图层中进行图形绘制。一般设定了第一层为割一修一的图层，第二层为割一修二的图层，第三层为割一修三的图层，依此类推。若开始时未在相应的图层中进行绘图，或图元是从别的文件中读入的，则可利用图层修改功能来修改图元图层。点击【修改】菜单中的【更改图元】，点击【图元特性】按钮，在绘图区域中选取图元后右击确认，出现图 3-110 所示的【图元特性更改】画面。点击【图层】，出现图 3-111 所示的【图层名称】画面，点击相应的图层行后，出现图 3-112 所示的画面，此时图元的图层、颜色、线型等信息都已作相应的更改，按【执行】键执行，这样就把相应的图元的图层修改了。

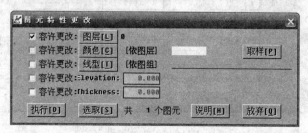

图 3-110 图元特性修改

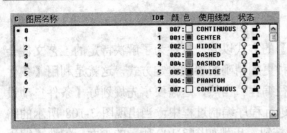
图 3-111 修改图层

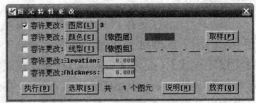
图 3-112 更改图层后显示

在编程过程中，当需要在总体条件中进行设定参数时，对【进阶编程】页的内容不用太关注，在【基本编程控制】和【其他条件】中设置完参数后按【确定】键，再按一次回车键后，出现图 3-113 所示的窗口。点击【工件厚度】后的方框，修改工件厚度值；点击…图标，可设置基准面高及辅助面高值，如图 3-114 所示。

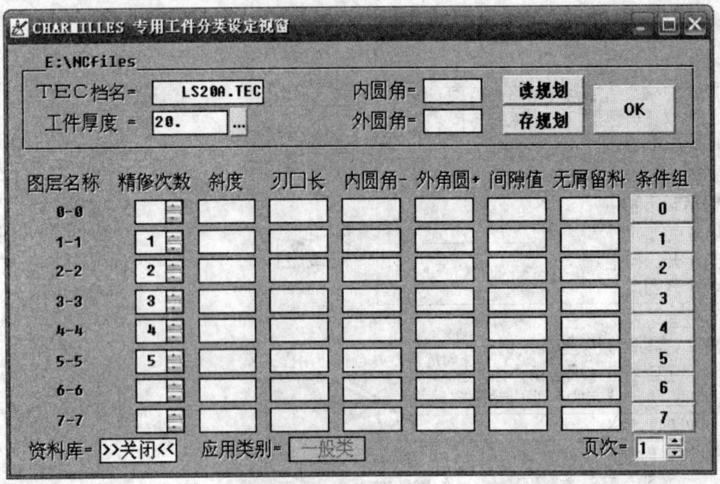

图 3-113 工件分类设定

图 3-114 设置高度

按【CTRL+F1】组合键，选择机台名称（如 CHARMILLES），如图 3-115 所示。点击【资料库】后的文字，选择机台型号（如 CH4020），如图 3-116 所示。

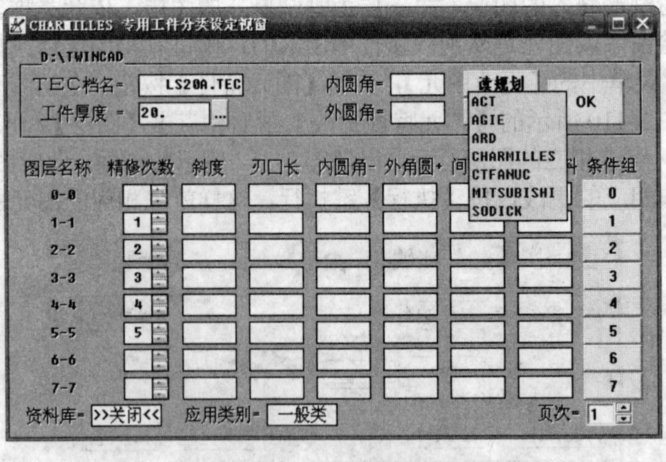

图 3-115 工件分类设定

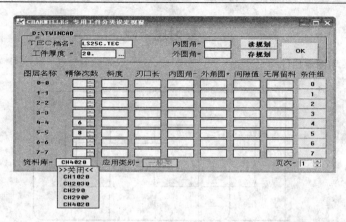

图 3-116 选择机台型号

选择【TEC 档名】后的方框栏，选择切割时采用的工艺文件（如 LT25A.TEC 文件），如图 3-117 所示。不同的工艺文件中定义的多次加工的规准是不同的。

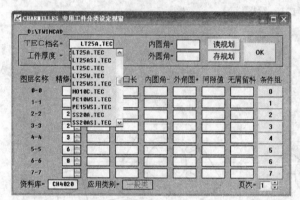

图 3-117 选择工艺文件　　　　　　　　　图 3-118 加工条件

点击【条件组】栏下的数字，如【3】，显示如图 3-118 所示的画面，点击【补正值表】，显示图 3-119 所示的补正值表。点击【共用条件】，显示图 3-120 所示的画面，可对支撑段分离切割、无屑切割及刃口斜面切割次数作一些设定。分别按【OK】键后，返回绘图窗口，接着按正常的顺序转出程序。

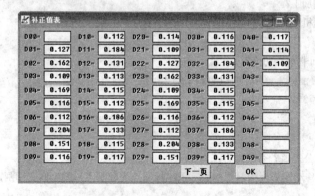

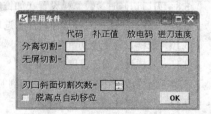

图 3-119 补正值表　　　　　　　　　　　图 3-120 参数设置

复习思考题

3.1 绘图练习(图 3-121)。

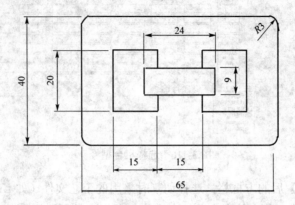

图 3-121 绘图练习

3.2 绘图练习（图 3-122）。
3.3 绘图练习（图 3-123）。

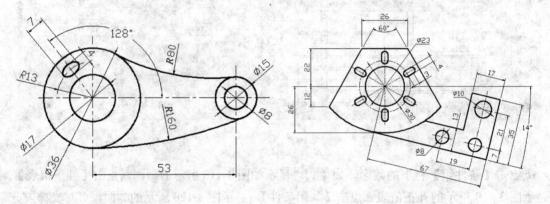

图 3-122 绘图练习　　　　　图 3-123 绘图练习

3.4 模孔切割时，怎样实现先粗加工后精加工？
3.5 模孔切割时，怎样编制适合自动穿丝机床的线切割程序？
3.6 凸模切割时，怎样实现正反切修？
3.7 支撑段切割，怎样实现一次切割而非正反切修？
3.8 刃口切修时参数怎样设置（如锥度面割1修1、刃口面割1修2)？
3.9 怎样设置【程式补偿留料厚】选项？
3.10 怎样设置锥度切割角度？
3.11 怎样设置局部锥度切割角度？
3.12 怎样改变切割图形的实际切割的公差值？有几种方法？
3.13 绘制模孔图样如图 3-124 所示，移动图形至图示坐标点，以坐标原点为起割点，割1修2切割，编制加工程序。
3.14 绘制模孔图样如图 3-125 所示，移动图形至适当坐标点，割1修3切割，编制加工程序。

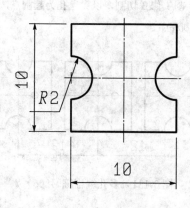

图 3-124 单孔编程练习（1）

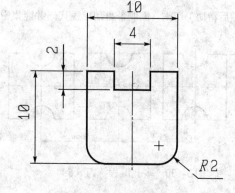

图 3-125 单孔编程练习（2）

3.15 如图 3-126 所示，将两孔分别作割 1 修 2、割 1 修 3 切割，编制切割程序。

3.16 如图 3-127 所示，将三孔分别作割 1 修 1、割 1 修 2、割 1 修 3 切割，编制切割程序。

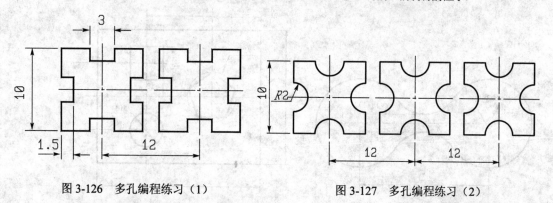

图 3-126 多孔编程练习（1）　　　　　图 3-127 多孔编程练习（2）

3.17 改变题 3.16 中的切割秩序重新编制程序。

3.18 如图 3-128 所示，将各孔分别作割 1 修 1、割 1 修 2、割 1 修 3 切割，以穿丝孔为起割点，编制切割程序。

3.19 如图 3-129 所示，将各孔分别作割 1 修 1、割 1 修 2、割 1 修 3 切割，以穿丝孔为起割点，先粗加工，后精加工切割，编制切割程序。

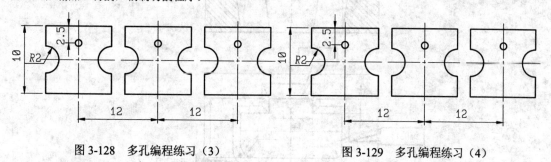

图 3-128 多孔编程练习（3）　　　　　图 3-129 多孔编程练习（4）

3.20 如图 3-130 所示，将各孔分别作割 1 修 1、割 1 修 2、割 1 修 3 切割，以穿丝孔为起割点，先粗加工，后精加工切割，编制带自动穿线代码的切割程序。

3.21 如图 3-131 所示,将各孔分别作割 1 修 1、割 1 修 2、割 1 修 3 切割,以穿丝孔为起割点,先粗加工,后精加工切割,编制带自动穿线代码并能集中取废料的切割程序。

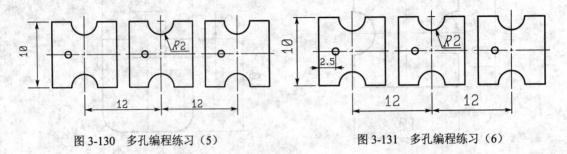

图 3-130 多孔编程练习(5) 　　　　　图 3-131 多孔编程练习(6)

3.22 对图 3-132 所示孔作先作无屑加工切割,最后割 1 修 2 切割,编制切割程序。

3.23 模板零件如图 3-133 所示,板厚 25mm,材料已热处理,外形已加工完成并已作退磁处理,需加工内部三个孔,五边形割 1 修 1,正方形割 1 修 2,圆孔割 1 修 3,先粗加工,后精修,编制自动穿线程序,并给出相应的穿丝孔坐标。

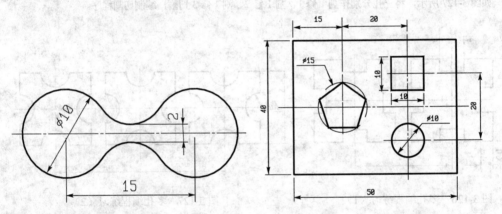

图 3-132 无屑加工编程练习 　　　　　图 3-133 模板编程练习

3.24 加工如图 3-134 所示的孔,上边锥度 2°,其余锥度 1°,右下角需作上下同径切割,割 1 修 2,编制切割程序。

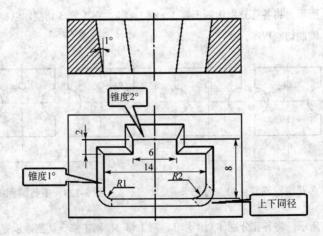

图 3-134 斜度编程练习

3.25 切割图 3-135 所示的凸模零件，零件高 55，割 1 修 2，支撑段一次切断，编制切割程序。

3.26 切割图 3-136 所示的凸模零件，零件高 55，割 1 修 2，支撑段一次切断，编制切割程序。

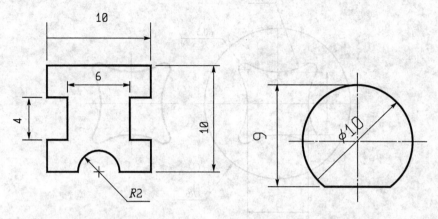

图 3-135 凸模编程练习（1）　　　图 3-136 凸模编程练习（2）

3.27 切割图 3-137 所示的凸模零件，零件高 55，割 1 修 3，支撑段多次修刀，编制切割程序。

3.28 切割图 3-138 所示的凸模零件 5 件，零件高 55，割 1 修 3，支撑段多次修刀，给出的原料板为 150×150，排样后编制切割程序。

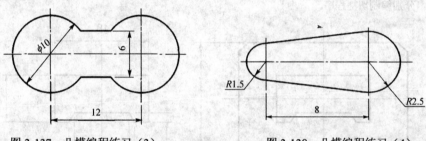

图 3-137 凸模编程练习（3）　　　图 3-138 凸模编程练习（4）

3.29 设计题 3.28 加工案例所使用的磨床夹具，并编制线切割加工程序。（注意放适当间隙）

3.30 加工如图 3-139 所示的凹模，刃口锥度 0.8°，ϕ10 与模板的过盈量为单边 0.01，编制切割程序。

3.31 加工如图 3-140 所示的凹模，刃口厚 3，刃口锥度 0.8°，ϕ10 与模板的过盈量为单边 0.01，编制切割程序。

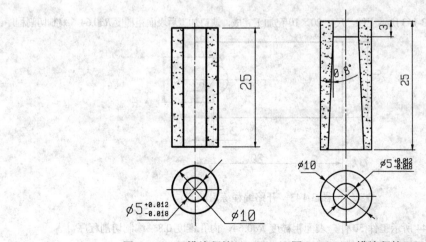

图 3-139 凹模编程练习（5）　　　图 3-140 凹模编程练习（6）

3.32 切割图 3-141 所示两个同质等高镶配件，以孔为基准，放单边间隙 0.02，两个图形放在一起编程。

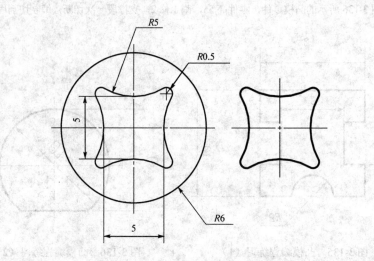

图 3-141　镶件编程练习（1）

3.33 切割图 3-142 所示两个镶配件，凹模外形以安装孔为基准放单边过盈 0.01，凹模以凸模为基准放单边间隙 0.01，锥度 0.8°，凹模材料厚 25，凸模材料厚 55，凸模、凹模孔未注圆角 0.2，凹模外形未注倒角 1×45°，分别编制切割程序。

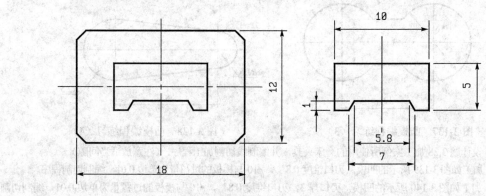

图 3-142　镶件编程练习（2）

3.34 单件生产图 3-143 所示工件，尺寸 20×10 已加工完成，缺口加工后表面粗糙度 $Ra0.64$，编制切割程序。

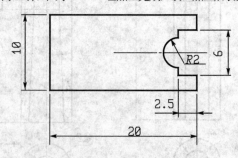

图 3-143　开路编程练习

3.35 生产图 3-144 所示工件 50 件，表面粗糙度 $Ra0.64$，内孔锥度 0.8° 编制切割程序。

3.36 如图 3-145 所示，切割凹模板上的镶件安装孔，使用清角切割。

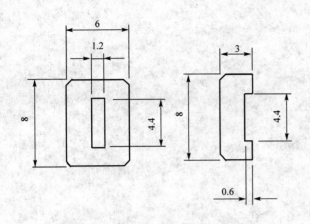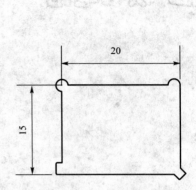

图 3-144 小工件编程练习　　　　　图 3-145 清角编程练习

3.37 如图 3-146 所示，切割外啮合齿轮，$Z=24$，$M=1$，$\alpha=20°$ 变位系数为 0 。

3.38 分别切割如图 3-147 所示的斜方孔和斜圆孔。

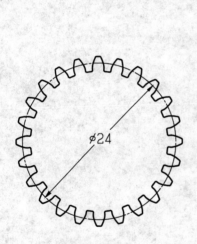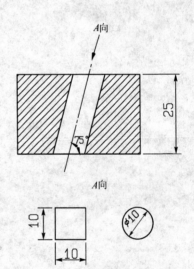

图 3-146 齿轮编程练习　　　　　图 3-147 斜孔编程练习

第1篇 慢走丝线切割加工

读书笔记

第 4 章 加工案例编程

>>> 主要内容：
- 统达慢走丝线切割编程软件的实际应用。
- 结合三个典型的切割案例，介绍工件编程的过程。

本章主要通过三个典型工件切割案例，介绍编程软件的使用方法。通过三个案例的训练，可以使学员的编程水平得以大幅度地提升。

4.1 加工案例编程一

有图 4-1 所示的模板，厚 25mm，材料为 Cr12MoV。模板上的 8 个孔还未加工，$3\times\phi8$ 为销钉孔及基准孔，需割 1 修 3；五边形需割 1 修 1；正方形与圆孔需割 1 修 2，2 处窄缝需先无屑加工后再 2 次修刀（割 1 修 2）。所有孔先粗切割，完成后再精修切割。试编制切割程序，并给出穿孔机使用的穿孔坐标值。

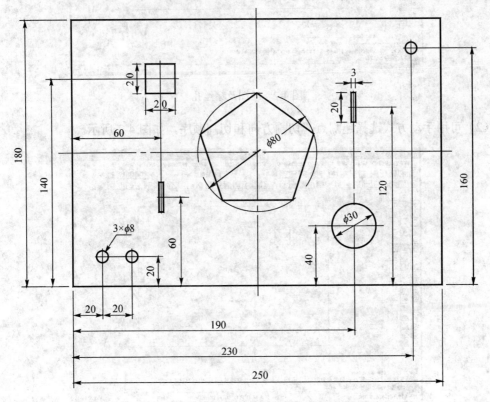

图 4-1 加工案例图

分析：
（1）可以将板的左下角定位于坐标原点（0，0）；

(2) 由于中间有大孔存在,故应先加工中间大的正五边形,可以从角点切入。

(3) 穿丝孔的位置一般设置在图元的中心部位,但有些图元较大,为节省切割时间,可将穿丝孔设置在靠近图元的位置。本例中在下述坐标位置画上小圆孔作为穿丝孔:(20,20)、(40,20)、(60,60)、(60,145)、(125,125)、(190,50)、(190,120)、(230,160)。切割时以这些点作为起割点。

操作过程:

(1) 将图形画好,穿丝孔也一并画出,如图 4-2 所示。

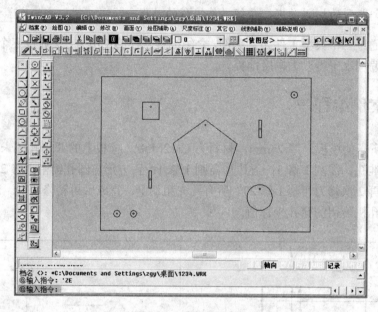

图 4-2　绘图及穿丝孔

(2) 可用手动方式选择起割点、切割方向和切割顺序,如图 4-3 所示。

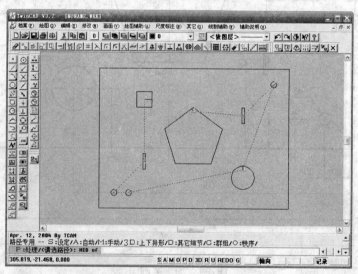

图 4-3　选起割点、切割方向、切割顺序

(3) 后处理作业,将大孔的割 1 修 1 设为总体条件设定,如图 4-4、图 4-5 所示。

第 4 章 加工案例编程

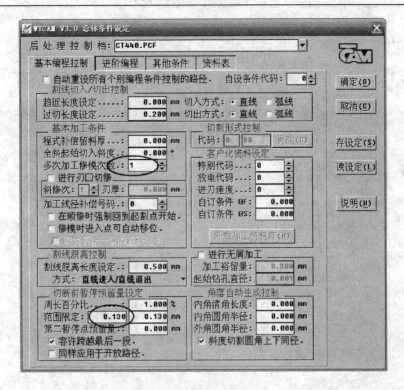

图 4-4　割 1 修 1 参数设置（一）

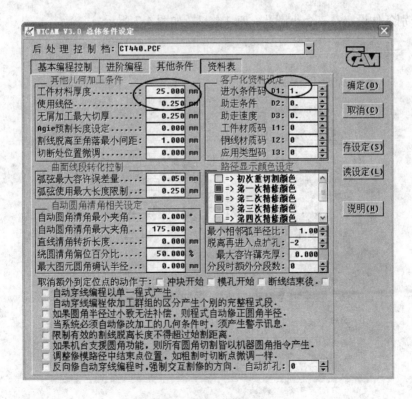

图 4-5　割 1 修 1 参数设置（二）

（4）个别条件设定：方孔和圆孔，割 1 修 2 条件设定，如图 4-6 所示。

图 4-6　割 1 修 2 参数设置

(5) 个别条件设定：三个小圆孔，割 1 修 3，如图 4-7 所示。

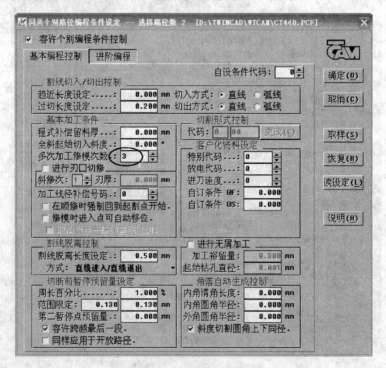

图 4-7　割 1 修 3 参数设置

(6) 个别条件设定：二条窄缝，割 1 修 2，加无屑切割，如图 4-8 所示。

第4章 加工案例编程

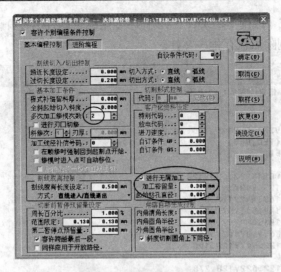

图4-8 无屑切割参数设置

（7）参数设置完成后，按【确定】按钮，在【路径处理】栏中直接回车，在【编程作业】栏中输入A回车，出现图4-9所示的设置【文件保存路径】对话框。

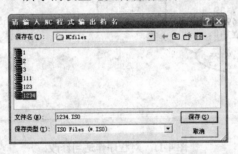

图4-9 文件保存路径设置

（8）输入一个文件名后，按【保存】键后立即按空格键，出现下列路径模拟切割画面。如图4-10所示，不断地按空格键，直至程序产生完毕。右下角显示程序内容。

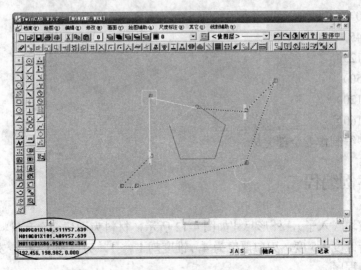

图4-10 暂停观察程序及切割路径

（9）用记事本方式（或用 NCEDIT.EXE 程序专用编辑软件）打开保存的程序文件，将图 4-11 所示的三行程序删除后保存程序文件。

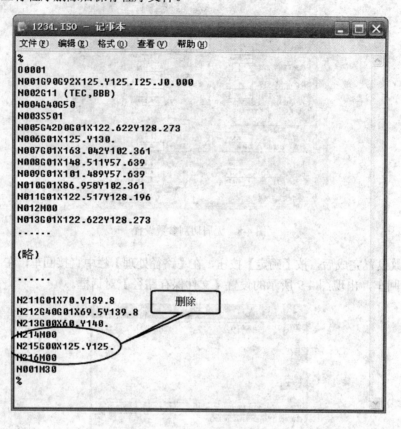

图 4-11 对程序作适当修改

（10）需提供的穿孔坐标分别如下（以模板左下角为原点）：

① （20，20）
② （40，20）
③ （60，60）
④ （60，145）
⑤ （125，125）
⑥ （190，50）
⑦ （190，120）
⑧ （230，160）

至此，程序编制作业全部完成。

4.2 加工案例编程二

有一凹模镶块（入子），外形尺寸如图 4-12 所示，材料为硬质合金，材料厚度 25，中间两个落料方孔带锥度 1.5 度，刃口厚度为 4，锥度割 1 修 1，刃口割 1 修 2，外形割 1 修 2。编制线切割加工程序。

第 4 章 加工案例编程

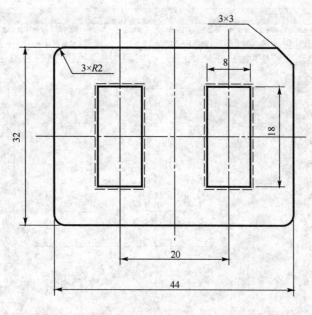

图 4-12 加工案例图

分析：

（1）为了便于取出废料，需将切割开口向上。由于 290P 机床正角度表示开口向下，所以先要设置正角度表示开口向下，再在设置工件切割角度时要将角度设成负值。

（2）由于图示开口上小下大，因此需将零件反过来切割，即画图时需将零件的倒角画在下面。先割模孔，后割外形。模孔总的切修次数为 5 次，即修模次数要设 4。

操作过程：

（1）绘制图形及穿丝孔，倒角画在下面，如图 4-13 所示。

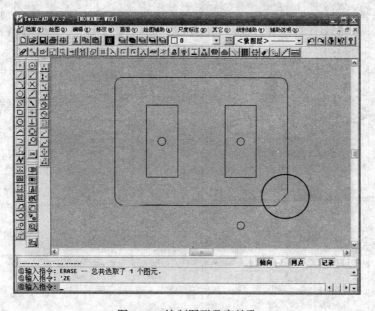

图 4-13 绘制图形及穿丝孔

（2）选取起割点、切入边及切割方向，如图 4-14 所示。

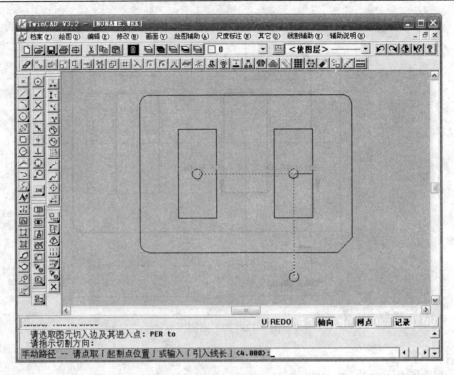

图 4-14 设置起割点、切入边和切割方向

(3) 模孔的刃口切修用【总体条件设定】进行参数设置，如图 4-15、图 4-16 所示。

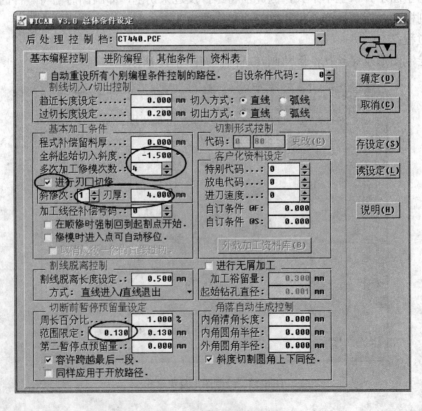

图 4-15 总体条件设置（一）

第4章 加工案例编程

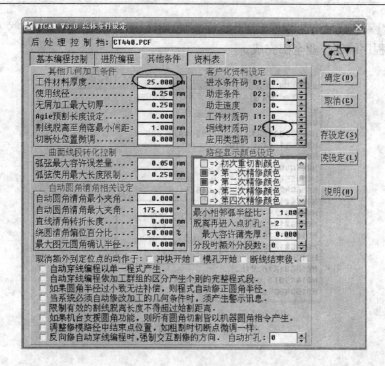

图 4-16 总体条件设置（二）

（4）外形用【个别条件编程条件控制】进行参数设定，如图 4-17 所示。

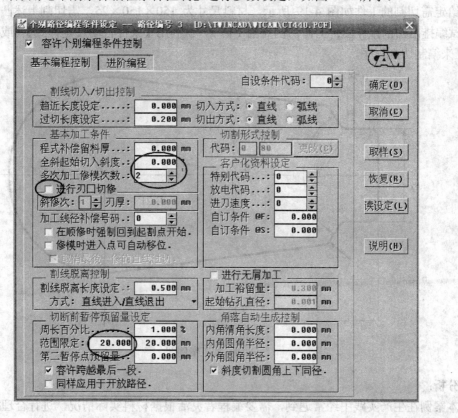

图 4-17 个别条件设置

（5）参数设置完成后产生程序，打开程序文件，进行适当修改后保存程序文件。如图 4-18 所示。至此，程序编制作业全部完成。

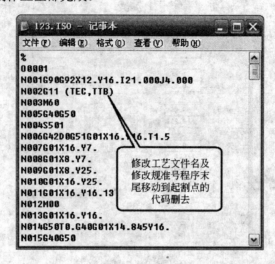

图 4-18　修改并保存文件

4.3　加工案例编程三

给定需切割的工件如图 4-19 所示，材料尺寸为 150×150×25，需切割上述凸模零件 5 件，试编排出切割排样图；工件切割需割 1 修 2，试利用【条件自动设定程式】（或称【资料库】）来编制切割程序。

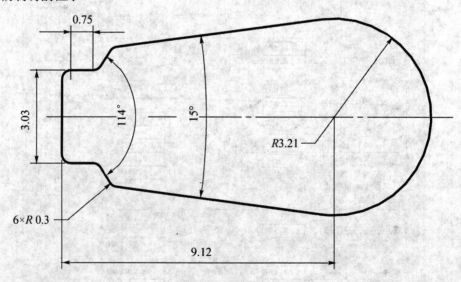

图 4-19　加工案例图

分析：

本案例在生产实践中经常遇到，需要编程者灵活根据材料实际情况，进行合理排样，合理安排切割工艺。本例中，经常会采用支撑段一次切断的方法来加工。

第 4 章 加工案例编程

操作过程:

(1) 绘制图形,适当位置绘制穿丝孔,复制成 5 个图形。如图 4-20 所示。

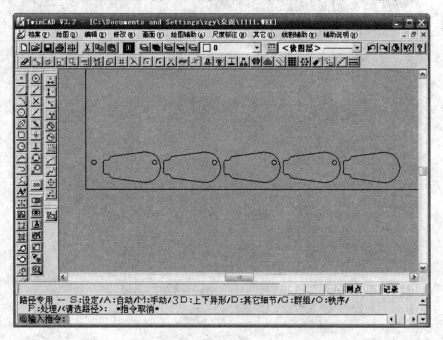

图 4-20 排样图

(2) 修改图层,将图形放置在第二层。选择起割点、起割边及切割方向。如图 4-21 所示。

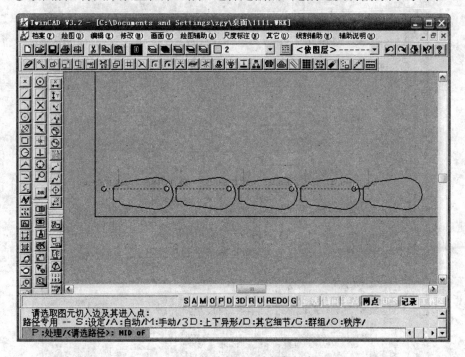

图 4-21 修改图层、选择起割点

(3) 设置总体加工条件,如图 4-22、图 4-23 所示。

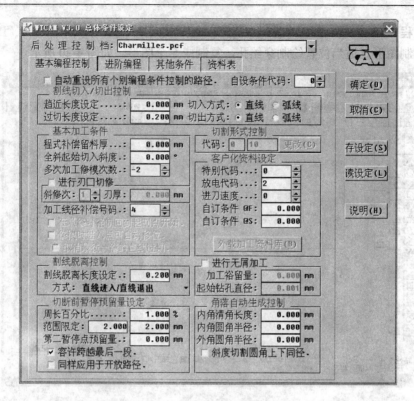

图 4-22 设置总体条件（一）

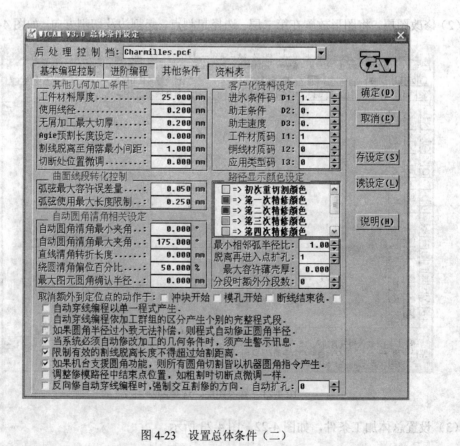

图 4-23 设置总体条件（二）

（4）总体条件设置完成后按【确定】按钮，回车后出现如图 4-24 所示的画面。选择机台名称（如 CHARMILLES）；按【资料库】按钮，选择机台型号（如 CH290P）；按【TEC 档名】按钮，选择工艺文件（如 LT25W．TEC）；设定工件厚度为 25。如图 4-25 所示。

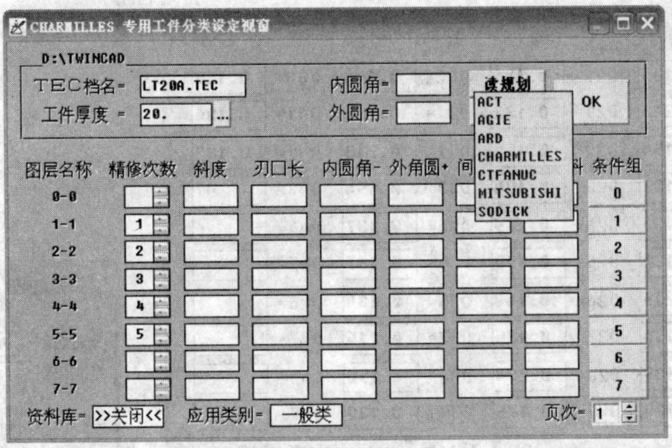

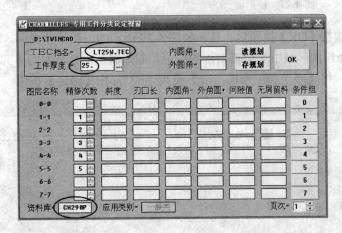

图 4-24　工件分类设定

图 4-25　设置机床型号、工艺文件及工件厚度

（5）点击【条件组】栏下的【2】按钮，显示如图 4-26 所示的加工参数。

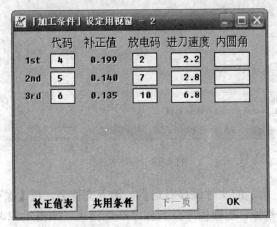

图 4-26　加工参数

(6) 点击【补正条件】按钮，显示如图 4-27 所示的补正值。按【OK】按钮。继续按图 4-26 中的【共用条件】按钮，显示如图 4-28 所示的参数设置对话框。按图示设置分离切割时补正代码为 4，切割放电代码为 2。

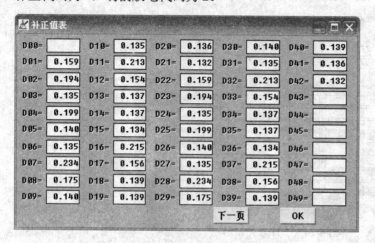

图 4-27 补正值

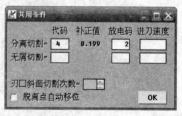

图 4-28 参数设置

(7) 连续多次按【OK】按钮后，显示如图 4-29 所示的编程作业画面。输入 J，回车，输入 L，回车，选择绘图区域中 5 个需切割的图形，右击确认。显示如图 4-30 所示的个别编程条件设置对话框，将【多次加工修模次数】设为"-2"，按【确定】按钮。

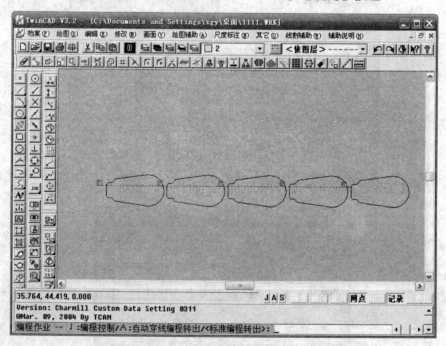

图 4-29 编程作业

(8) 显示如图 4-31 所示的文件保存对话框。输入文件名，按【保存】按钮，同时按空格键，使程序产生过程中暂停，观察程序直到程序产生结束。如图 4-32 所示。也可直接按或车键快速结束程序产生过程。

第4章 加工案例编程

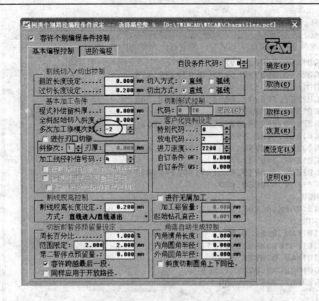

图 4-30 个别条件设定

图 4-31 文件保存对话框

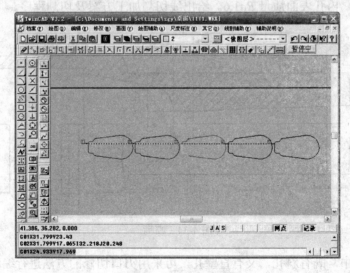

图 4-32 程序产生过程中

（9）打开保存的程序文件，将程序中无用的程序行删除后保存。如图 4-33 所示。至此，编程作业全部完成。

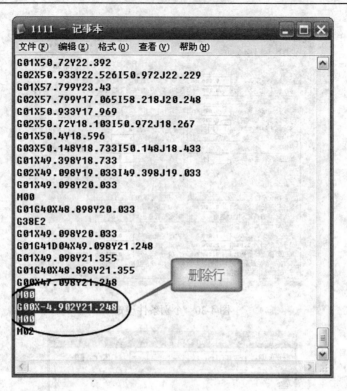

图 4-33 程序文件

4.4 加工案例编程四

图 4-34 所示的喷嘴零件，外形及右侧内孔已加工完成，现需使用线切割机床加工左侧的斜孔及直壁孔 $\phi 5$，内孔表面质量 $Ra1.6$。给出线切割加工方案及切割程序。

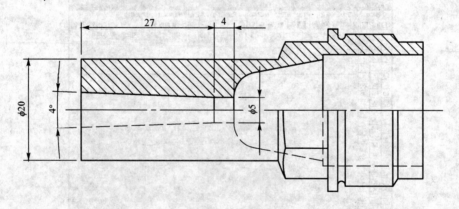

图 4-34 喷嘴

本加工案例中，既有斜孔，又有直壁孔，可采用刃口切修的方法进行编程。由于本加工案例是回转体，在机床上装夹时可采用辅助治具装夹定位。如图 4-35 所示。治具加工时可先制作螺纹孔及切割 $\phi 20$ 孔的穿丝孔，治具装夹在机床上后再精加工 $\phi 20$ 孔，并以孔中心及下平面为基准。

第 4 章 加工案例编程

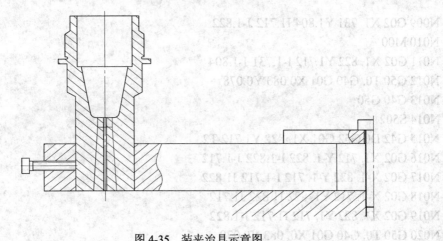

图 4-35 装夹治具示意图

在进行编程时，先斜切后直切，正角度切割，【全斜起始切入斜度】设为 2，将【多次加工修模次数】设为 5，勾选【进行刃口切修】选项，如图 4-36 所示。工件高度设为 27，【应用类型码】设为 1。如图 4-37 所示。

图 4-36 切割参数设置（一）　　图 4-37 切割参数设置（二）

生成的程序如下：
%
O0001
N001 G90 G92 X0. Y0. I-27.000 J27.000
N002 G11 (TEC,BBB)
N003 G40 G50
N004 S501
N005 G42 D0 G52 G01 X1.822 Y1.712 T2.
N006 G02 X1.712 Y-1.822 I-1.822 J-1.712
N007 G02 X-1.822 Y-1.712 I-1.712 J1.822
N008 G02 X-1.712 Y1.822 I1.822 J1.712

N009 G02 X1.731 Y1.804 I1.712 J-1.822
N010 M00
N011 G02 X1.822 Y1.712 I-1.731 J-1.804
N012 G50 T0. G40 G01 X0.083 Y0.078
N013 G40 G50
N014 S502
N015 G42 D0 G52 G01 X1.822 Y1.712 T2.
N016 G02 X1.712 Y-1.822 I-1.822 J-1.712
N017 G02 X-1.822 Y-1.712 I-1.712 J1.822
N018 G02 X-1.712 Y1.822 I1.822 J1.712
N019 G02 X1.822 Y1.712 I1.712 J-1.822
N020 G50 T0. G40 G01 X0.083 Y0.078
N021 G11 (TEC,DDD)
N022 G40 G50
N023 S501
N024 G42 D0 G52 G01 X1.822 Y1.712
N025 G02 X1.712 Y-1.822 I-1.822 J-1.712
N026 G02 X-1.822 Y-1.712 I-1.712 J1.822
N027 G02 X-1.712 Y1.822 I1.822 J1.712
N028 G02 X1.822 Y1.712 I1.712 J-1.822
N029 G40 G01 X0.77 Y0.724
N030 G40 G50
N031 S502
N032 G42 D0 G52 G01 X1.822 Y1.712
N03 G02 X1.712 Y-1.822 I-1.822 J-1.712
N034 G02 X-1.822 Y-1.712 I-1.712 J1.822
N035 G02 X-1.712 Y1.822 I1.822 J1.712
N036 G02 X1.822 Y1.712 I1.712 J-1.822
N037 G40 G01 X0.77 Y0.724
N038 G40 G50
N039 S503
N040 G42 D0 G5 2G01 X1.822 Y1.712
N041 G02 X1.712 Y-1.822 I-1.822 J-1.712
N042 G02 X-1.822 Y-1.712 I-1.712 J1.822
N043 G02 X-1.712 Y1.822 I1.822 J1.712
N044 G02 X1.822 Y1.712 I1.712 J-1.822
N045 G40 G01 X0.77 Y0.724
N046 G40 G50
N047 S504
N048 G42 D0 G52 G01 X1.822 Y1.712
N049 G02 X1.712 Y-1.822 I-1.822 J-1.712
N050 G02 X-1.822 Y-1.712 I-1.712 J1.822
N051 G02 X-1.712 Y1.822 I1.822 J1.712

N052 G02 X1.822 Y1.712 I1.712 J-1.822
N053 G02 X1.953 Y1.56 1I-1.822 J-1.712
N054 G40 G01 X0.826 Y0.66
N055 G00 X0. Y0.
N056 M30

在实际加工中，本案例切割直壁时可能产生线痕，采取的补救措施是在切割 N023 至 N030 程序路径时将冲洗水压调小，或干脆将本段程序删除。

复习思考题

4.1 编程练习，如图 4-38 所示的凹模镶块（入子），材料为硬质合金，料厚 25，外形需割 1 修 1，内孔单边切割斜度 1.5 度，需割 1 修 3，无直边刃口。编制切割程序。

4.2 加工塑料模模仁零件，模仁零件三维模型、模仁零件图如图 4-39 所示。零件高度为 30mm，未注内角 R0.3，表面粗糙度 Ra0.63，材料 45 钢，调质处理。编制切割程序。

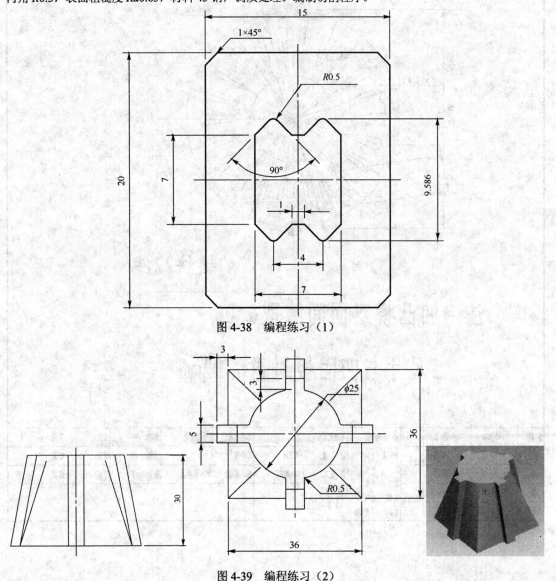

图 4-38 编程练习（1）

图 4-39 编程练习（2）

4.3 如图4-40所示的拼块式凹模，编制切割程序。

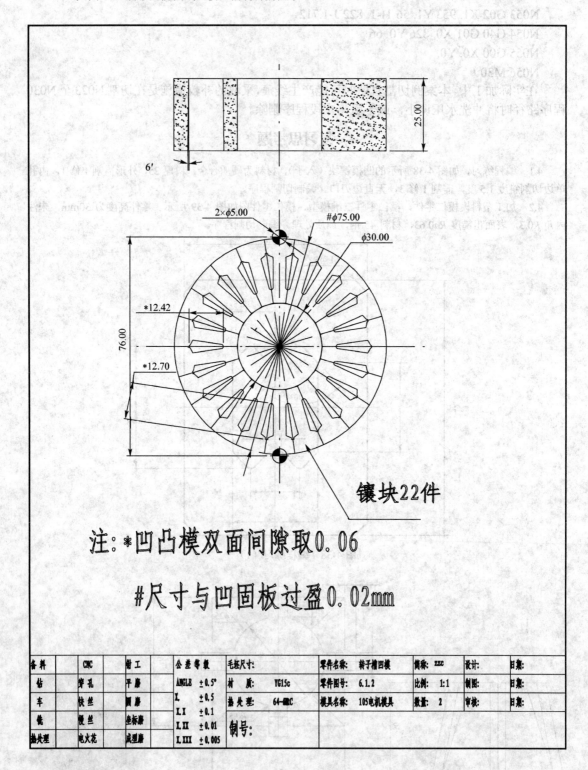

注：*凹凸模双面间隙取0.06

#尺寸与凹固板过盈0.02mm

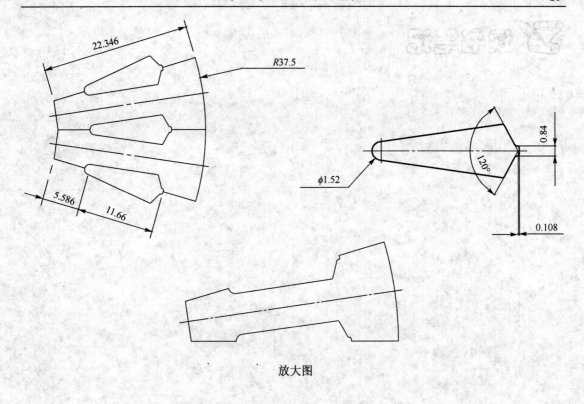

放大图

图 4-40 编程练习（3）

第 5 章　机床操作文件

>>> 主要内容：
机床操作所需的文件种类。
- 工件程序（G 代码）功能及格式。
- 命令文件的内容。
- 工艺文件的内容。
- 丝表文件的选用。

本章主要介绍了机床操作所需的文件，并分别对工件程序、命令文件、工艺文件、丝表文件作了介绍，为学员下一步的学习作好理论基础。

5.1　机床操作文件

FI240SLP 机床的主要文件有工件程序文件（*.ISO）、工艺文件（*.TEC）、丝表文件（*.WIR），另外还定义了偏移量表文件（*.OFS）、变量表文件（*.VAR）、点表文件（*.PNT）。在内存中还有四个空表文件，可以让用户自行定义参数后被调用，它们是 USER.TEC 工艺表、USER.OFS 偏移量表、USER.VAR 变量表和 USER.PNT 点表。

工件程序是由一系列 G 代码及 M 代码组成的，描述线切割加工轨迹的文件。其具体功能词见附录 2 及附录 3。

工艺文件是定义放电加工中的一系列放电参数的文件。在一个工艺文件中还设置了不同的加工规准，以便在加工中随时调用。不同的加工规准有不同的工艺参数，对不同的材料有不同的加工规准。在机床内存中一般含有一些标准的工艺文件以备调用，这些文件一般不能被修改，同时还定义了一些带 U 字的工艺文件，这些文件可以被用户修改，在加工时被调用。工艺文件被调用时文件处于激活状态。

丝表文件是定义电极丝特性的文件。丝表文件不能被修改。丝表文件被调用时文件处于激活状态。

5.2　工件程序

在加工工件之前，必须编写程序，即工件程序，以对工件轮廓的几何元素顺序和加工条件进行定义，它是描述线切割加工路径的文件，由 G 代码、M 代码及其他一些符号组成。程序格式和编码可全部使用 ISO 标准 6983-1 和 6983-2。但有一些编码与标准不同，这是由于电蚀加工的几何特征和专用功能在这个标准中没有指定。本教材是以 FI240SLP 机床为教学机，所以讲述程序编写的格式和常用的指令是以该机床能认读的代码为准。程序编制可采用手工编程或计算机编程。

5.2.1 G 代码

G 代码是慢走丝线切割机床采用的编程代码。

1. 程序段格式

准备功能（G 代码功能）字是指包括字母 G 和其后跟的 1 或 2 个数字来定义的功能。这些功能作为命令来规定一种工作方式、机床或控制系统的一种状态。辅助功能（M 功能）字是指字母 M 和其后跟的 1 或 2 个数字来定义某种功能。这些功能的指令是控制或控制系统作为一次性动作。尺寸字是指一个字母后跟表示尺寸大小的数字，字母定义了尺寸类别。尺寸字定义了移动的距离或确定参数值,这些可以用毫米、英寸、度数表示。几何线段是指由直线和圆弧组成的在 XY 坐标平面(基准平面)或 UV 坐标平面(第二平面)上的线段。

2. 指令状态

G 代码功能有三种状态功能，分别是：

（1）强制功能:程序开始时，缺省使用的功能，一般不需作说明就直接默认。如 G40。

（2）模态功能:在程序内一直有效，除非被取消或被其他功能代替的功能。如 G01。

（3）非模态功能:只能在本程序段内有效的功能。如 G04。

各种 G 代码功能参见附录 2

5.2.2 部分 G 代码的功能说明

1. G00   不加工快速移动

句法   G00X_Y_

G00U_V_   （只用于 MDI，或锥度方式 UV）

2. G01   直线插补

句法   G01X_Y_

G01U_V_   （只用于 MDI，或锥度方式 UV）

3. G02/G03   圆弧插补（顺时针/逆时针）

机床沿圆弧移动到 X、Y 坐标，圆心坐标由尺寸字 I、J 指定，它们是相对于圆弧起点的增量值，不论终点指令是绝对方式还是增量方式，这种用法不变。

句法   G02X_Y_I_J_

4. R   拐角半径

拐角半径可以插在两条相邻的插补指令（G01、G02、G03）之间，半径值在地址 R 后指定。移动指令编程时不用考虑拐角半径指令，拐角半径指令可以插在直线和圆弧之间，两段圆弧之间，或两直线之间。拐角半径指令不能在 MDI 方式下指定。

5. G910Ap   在变量表中保存当前点

句法   G910Ap   p=该点保存在变量表中的位置，系统保存该点的 $XYZUV$ 的绝对坐标，($1<p<39$)，等价命令 SEP, CPp。

6. G911Ap   移动到变量表中某点

句法   G911Ap   p=该点保存在变量表中的位置，（$1<p<39$），等价命令 GOP, p。

7. G90/G91   绝对指令/增量指令

G90：绝对方式-工件坐标

G91：增量（相对）方式

移动可用两种方法指定，绝对指令指定了移动结束处的终点坐标，该坐标是在编程坐标系中规定的；增量指令指定了相对于当前位置所移动的距离。如图 5-1 所示，绝对指令：

G90X40.Y25.；增量指令：G91X30.Y10.。

绝对指令和增量指令可在一个程序段内可选的位置上切换，对于图 5-1 的例子，指令如下：G90X40.G91Y10.。有一些尺寸字不受绝对和增量指令的影响，如：坐标系设定指令 G92 中的尺寸字；圆心坐标（I，J）；用来确定工件上下面形状的 U、V、K 和 L 指令。沿该轴不产生移动的尺寸字可省略，不论采用绝对指令或增量指令都一样。

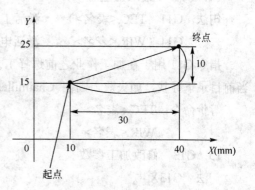

图 5-1 绝对方式与增量方式

8．G95　降低频率

句法　G95F_

如 G95F80 可以将频率降低至额定值的 80%。

9．G40/G41/G42　丝径偏移补偿指令（取消偏移/左偏移/右偏移）

电极丝离开指定路径的距离称为偏移（量）。各指令的偏移位置如图 5-2 所示。

10．G50/G51/G52　电极丝倾斜指令（取消倾斜/左倾斜/右倾斜）

电极丝的倾斜角是相对于垂直位置指定的，不管角度是向左倾斜还是向右倾斜，倾斜角总是指定一个正值。电极丝倾斜角可通过程序在中途改变。各指令的倾斜位置如图 5-3 所示。

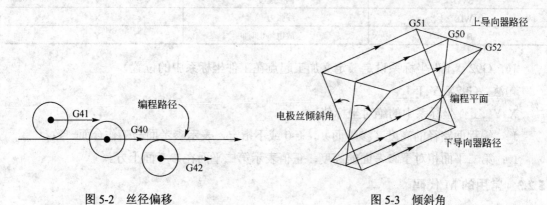

图 5-2 丝径偏移　　　　　　　　图 5-3 倾斜角

11．G60　恒定拐角半径

句法　移动指令 G60R_　上下同径

移动指令 G60R_K_　上下不同径，R=参考平面编程半径；K=第二平面编程半径。

在 G60 命令中，圆角是通过使用 G60R_得到的，而不是通过 G02、G03 得到的。

12．G04　暂停，指定机床在操作过程中暂停移动一段时间

句法　G04X_　G04X25.　　　暂停 25 秒

　　　G04P_　G04P25000　　暂停 25 秒

13．G10　修改用户参数 CLE 或 Rmin；执行/忽略可选取程序段跳步

句法　G10P16R_　　　R_:附加间隙 CLE

　　　G10P17R_　　　R_:自动拐角圆弧半径 E

　　　G10P_B_　　　程序段跳步，P=n（n 从 0 到 9）；B=0，跳步忽略，程序段/n 执行；B=1，跳步执行，程序段/n 忽略。

14. G11 装入加工表

句法　G11（TEC,<表名>）　　激活工艺表

　　　G11（WIR,<表名>）　　激活电极丝表

指令 G11 用于在加工作业之前选择工艺表和打算使用的电极丝类型。这些文件将首先在当前目录下寻找，如失败，则在 Chaimilles 的参考目录 U:\CT_DATA 中寻找。

等价命令：TEC,<表名>

　　　　　WIR,<表名>

15. G13 修改加工参数

句法　G13X_

X_：参数代码字母及数值，具体见表 5-1。

表 5-1　修改参数与代码字母

修改参数	参数含义	代码字母
INJ	冲液压力	B
AJ	伺服电压	J
WS	走丝速度	R
SVO	伺服速度	V
WB	线张力	X
B	放电休止时间	Y

16. G92 工件坐标系设定（定义加工起点在工件坐标系中的位置）

句法　G92X_Y_I_J_

X_Y_：工件坐标系中的绝对坐标值；

J_：编程面路径的高度（参考面），J=0 或不指定，表示参考面与工作台面一致；

I_：第二平面相对于参考面的高度，正值表示第二平面在参考面上方。

5.2.3　常用的 M 代码

在程序文件中常用的一些 M 代码，见表 5-2。

表 5-2　常用的一些 M 代码

M00	停止
M01	有条件停止
M02	程序结束
M23	拐角策略保护取消
M24	拐角策略保护
M27	线保护取消
M28	线的一级保护
M29	线的二级保护
M30	程序结束并光标返回

5.2.4　工件程序格式

例如，有一厚度为 20mm 的板，需对如图 5-4 所示的孔进行一次切割，程序如下：

程序代码	代码含义
%	开始符
O0001	程序号（4位数字）
N001 G90 G92 X0. Y5. I20. J0. 000	定义起割点坐标、基准面、工件高度
N002 G11 (TEC, AAA)	激活规准文件
N003 G40 G50	取消偏移、锥度
N004 S501	选规准
N005 G42 D0 G01 X0. Y10.	右偏移直线插补至坐标（0，10）
N006 G01 X10. Y10.	直线插补至坐标（10，10）
N007 G01 X10. Y-10.	直线插补至坐标（10，-10）
N008 G01 X-10. Y-10.	直线插补至坐标(-10,-10)
N009 G01 X-10. Y5.	直线插补至坐标（-10，5）
N010 G02 X-5. Y10. I5.J0.	顺时针圆弧插补至坐标（-5，10）
N011 G01 X-0. 13 Y10.	直线插补至暂停点（-0.13，10）
N012 M00	暂停、取出废料
N013 G01 X0. Y10.	直线插补至坐标（0，10）
N014 G01 X0. 2Y10.	过切至坐标（0.2，10）、去除毛头
N015 G40 G01 X0. 2 Y9. 5	离开加工面、取消偏移
N016 G00 X0. Y5.	返回起割点
N017 M30	程序结束
%	

图 5-4 切割实例

5.3 指令字

指令字是能直接控制机床的运动、切割、测量、参数设定等功能的代码，由机床生产厂家提供，供操作者使用。屏幕页面MDI（Manual Data Input）可利用对话行直接输入指令来立即执行。指令字见附录1。常用的指令字如下：

1. 机床坐标系中的移动和加工
（1）更新机床坐标

SMA(,Xx)(,Yy)(,Uu)(,Vv)	更新机床坐标
SMA	设定 XYUV 的机床坐标值为零

（2）机床坐标系中绝对移动

MOV(,Xx)(,Yy)(,Uu)(,Vv)	机床坐标系中绝对移动（无插补，各轴速度相同，路径非直线）
MOV	XYUV 各轴返回到机床坐标零点
MOV, Zz	机床坐标系中Z轴绝对移动（不能与其他轴联动）

（3）机床坐标系中相对移动

MVR(,Xx)(,Yy)(,Uu)(,Vv)	机床坐标系中相对移动（如果数控系统预先处于绝对方式，这种方式在移动后要重新建立，此时旋转、镜像和缩放转换不予考虑）

MVR,Zz	机床坐标系中 Z 轴相对移动

(4) 相对加工

CTR(,Xx)(,Yy)(,Uu)(,Vv)	机床坐标系中相对加工移动（性质与 MVR 类同）

2. 工件坐标系中的移动和加工

(1) 更新工件坐标

SPA(,Xx)(,Yy)(,Uu)(,Vv)	更新工件坐标
SPA	设定 XY 的工件坐标值为零

(2) 工件坐标系中绝对移动

MPA(,Xx)(,Yy)(,Uu)(,Vv)	工件坐标系中绝对移动（不考虑旋转、镜像和缩放转换）
MPA	XY 各轴返回到工件坐标零点

(3) 工件坐标系中相对移动

MPR(,Xx)(,Yy)(,Uu)(,Vv)	工件坐标系中 Z 轴相对移动（不考虑旋转、镜像和缩放转换）

(4) 加工

CPA(,Xx)(,Yy)(,Uu)(,Vv)	工件坐标系中绝对加工移动
CPR(,Xx)(,Yy)(,Uu)(,Vv)	工件坐标系中相对加工移动（性质与 MPA、MPR 类同）

3. 预定义的移动

(1) 移动 Z 轴高度

GOH,Hh	按工件高度 H 移动 Z 轴以定位喷嘴

(2) 设置及返回记忆点

SEP,CPn	将机床当前点的绝对坐标值存储到变量表 VAR 文件中，n=点号，从 1~25
GOP,n	在绝对坐标系中移动到存储点 n，n=点号，从 1~25

SEP,CPn 等价于 G910 An；GOP,n 等价于 G911 An，变量表 VAR 中的变量值可以用以下步骤读取和修改：执行模式页面 EXE—用户参数 User Parameters—变量表 CNC variable—点表 Points。

4. 工艺和加工规准

TEC(,表名)	激活含有准备规准的工艺表
WIR(,表名)	激活待使用的丝表文件
HPA,h	修改当前高度（h=新高度，mm）
REX,Ee（,Hh）	在工艺表中选择工艺规准（可选修改当前高度）
CLE（,c）	引入附加间隙（c=附加间隙，mm）
CLE	设定附加间隙为零

5. 辅助功能

AUX,m	辅助 M 功能（m：功能号）
WCT	准备和切断电极丝
WPR	断丝后的穿丝准备
THD	自动穿丝（在 WCT 或 WPR 或人工穿丝准备之后）
ENG(,指示器)	选择单位（0：毫米，1：英寸）
MFF（,值）	FF 频率的百分比（1%~100%）

6. 程序的执行

ZCL	加工计数器设置回零

SIM, i	激活（i=1）或不激活（i=0）空运行方式
EDG,s 轴（，轴 v）	找边，s 轴：定义测量方向（缺省值 s 为+）， 轴 v：在测量终点处，电极丝中心相对于该轴零点位置，也就是丝半径值，符号与测量方向相反

例 EDG,+X,X-0.125(丝径 0.25mm, 测量后回退 0.5mm)，表示沿 X 轴正向找边，在循环终点处，电极丝中心处在离开机床零点-0.5-0.125=-0.625mm 处。

CEN(,Xx)(,Yy)(,Rr)	找孔中心循环，Rr 测量角；Xx、Yy 定义的机床坐标
MID(,Xx)(,Yy)(,Rr)	在两个平行面之间找中循环，Rr 测量角；Xx、Yy 定义的机床坐标

5.4 工艺文件

5.4.1 工艺文件的产生

工艺文件是包含加工顺序和加工参数的文件，以 TEC 为后缀。在机床装机时以表格文件的形式写入机床内存中，供切割时调用。工艺文件的名称必须要和工件程序中要激活的工艺文件名一致。要产生一个新的工艺文件，可用 CT-专家系统功能，采用提问式的方法,CT-专家系统根据工件的几何形状、斜度、最小圆角半径、表面粗糙度等确定加工特点，并推荐一个合适的加工程序。

5.4.2 工艺文件的内容

选择【准备模式】中的【编辑表】功能，选择某工艺文件，打开后显示该文件，如图 5-5 所示：

U:\PAUL\SPACE\D10\S.TEC EL: 1 PA: 10 Hedit: 6.000

	Pm.r	Pm.	SE	Offset0	Offset	ST	M	s	V
501	0	0	111	0.168	0.279	1	3	2	80
502	50	50	61	0.138	0.199	2	37	2	120
503	50	50	11	0.138	0.149	2	37	2	120
504	11	11	0	0.134	0.134	0	30	2	200

图 5-5 工艺文件

在机床加工过程中，调用的工艺文件内容会显示在电源（放电）参数页上，如图 5-6 所示。

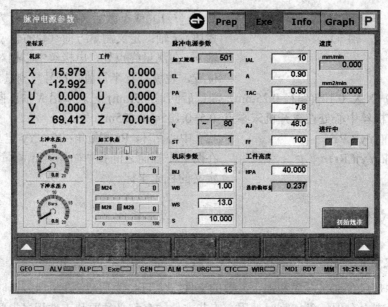

图 5-6 加工参数

在此参数页上可设定和修改电源参数,具体内容如下:
EL 使用的电极丝号
PA 工件的材料号
EL 和 PA 的数值表示下列含义:
1——紫铜
2——石墨
3——铜钨合金
4——Sparkel A
5——Sparkel X
6——钢
7——黄铜
8——青铜
9——铸铁
10——铝
11——锌基压铸合金
12——硬质合金
13——镍铬钛合金
14——钛
15——镀锌电极丝
16——钼
17——钨
M 切割方式,数值表示下列含义:
1——等脉冲粗加工
2——等脉冲精加工(较好快速)

3——等脉冲精加工(精确)

7——等频率精加工

8——细电极丝模式

V　切割电压

V+　电极丝为正极

V-　电极丝为负极

ST　对策

IAL　点火脉冲电流

A　脉冲宽度 0.2～3μs

TAC　短脉冲时间(<A),0.2～0.8μs

B　两脉冲间的时间

AJ　伺服基准平均电压，0～200v

FF　暂时降低频率，直到变下一规准,该设定保持有效。FF 对表面粗糙度没有影响。

INJ　冲水压力设定，0～13bar，INJ 分为 0，1，2，3，4 共 5 档

WB　电极丝张力，0～2kg

WS　走丝速度，0～15m/min

S　最大进给率，S=1 相当于 7.32mm/min

5.4.3　标准工艺文件的命名方式

标准命名方法是以电极丝直径、电极丝状态、电极丝材质及所要切割的材料来命名的。例如：

LS25A.TEC—0.25 中硬黄铜丝割钢的工艺文件。

XS25A.TEC—0.25 中硬包锌丝割钢的工艺文件。

文件名中的切割材料：A—钢；　W—硬质合金；　C—铜；　L—铝；　F—石墨

一个标准工艺文件中，含有多个加工规准。切割不同材料时最终表面粗糙度有所不同。切割完成后工件表面所能达到的表面质量见表 5-3。

表 5-3　各种加工规准对应的表面质量

加工规准	CH	Ra/μm
割 1 修 1	26	2
割 1 修 2	21	1.12
割 1 修 3	21	1.12
割 1 修 4	16	0.63
割 1 修 5	12	0.4

Ra 值与 CH 之间的关系是：

$$\text{NO.}(CH) = 20 \log(10 Ra) \tag{5-1}$$

式中　CH——表面粗糙度

　　　Ra——表面粗糙度，μm。

表面粗糙度 CH 和 Ra 值对照关系见表 5-4。

表 5-4　表面粗糙度 CH 和 Ra 值对照表

CH	Ra/μm	CH	Ra/μm	CH	Ra/μm
0	0.10	11	0.35	22	1.26
1	0.11	12	0.40	23	1.40
2	0.12	13	0.45	24	1.62
3	0.14	14	0.50	25	1.80
4	0.16	15	0.56	26	2.00
5	0.18	16	0.63	27	2.20
6	0.20	17	0.70	28	2.50
7	0.22	18	0.80	29	2.80
8	0.25	19	0.90	30	3.20
9	0.28	20	1.00		
10	0.32	21	1.12		

5.5　丝表文件

5.5.1　丝表文件的命名方式

丝表文件的命名方法与工艺文件的命名方法类似，例如：

LS25.WIR——使用 0.25mm 中硬的黄铜丝的丝表文件。

XS25.WIR——使用 0.25mm 中硬的包锌丝的丝表文件。

文件名中：

R——软丝；

S——中硬丝；

T——硬丝；

L——黄铜丝；

X——包锌丝。

5.5.2　丝表文件的选用

丝表文件一般不轻易改变，因为使用的电极丝不会经常改变。丝表文件被激活后下次使用时会调用被激活的丝表文件，所以工件程序中没有调用丝表文件的指令。当工件程序中没有调用丝表文件的指令时，系统会在 Chaimilles 的参考目录 U:\CT_DATA 中寻找被激活的丝表文件。

复习思考题

5.1　FI240SLP 机床切割加工需要哪几种文件？

5.2　什么是工件程序？由什么代码组成？

5.3　什么叫模态功能字？举例说明。

5.4　什么叫指令字？你知道哪些指令字。

第 5 章 机床操作文件

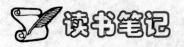
读书笔记

第 6 章　机床操作过程

>>> 主要内容：
- 手动操作。
- 工件装夹。
- 程序输入。
- 切割准备。
- 工件切割。

本章主要介绍夏米尔 FI240SLP 机床的操作步骤，内容安排是按操作顺序进行展开的，为学员上机操作提供了一套完整的流程。

6.1 操作界面

夏米尔 FI240SLP 机床由主机、控制部分、电介液装置等部分组成。机床正面如图 6-1 所示。主机由工作台面、XYZ 坐标轴、工作液槽、电极丝张力机构、电极丝回收机构等部分组成；控制部分由电控柜、操作电脑、手控盒、键盘等部分组成；电介液装置由污水箱、净水箱、水泵、过滤器、去离子瓶、冷水机、热交换装置等部分组成。

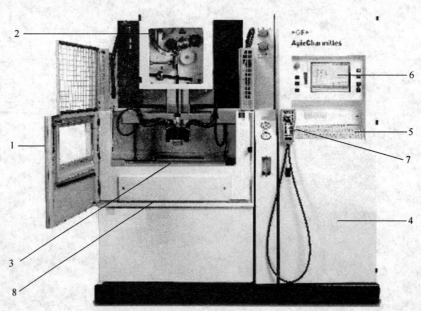

图 6-1　机床正面
1—液槽门；2—电极丝进给；3—工作台；4—电柜；
5—键盘；6—触摸屏；7—手控盒；8—门密封条

检查机床电源、去离子瓶、冷水机、过滤器等设备是否正常，接通电源，开机。开机按钮如图 6-2 所示。

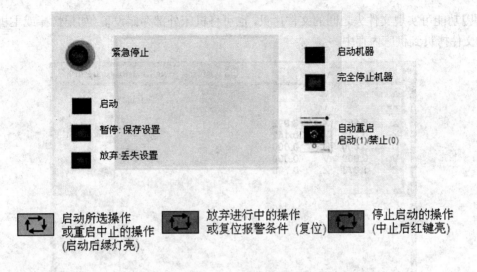

图 6-2　开机按钮

机床的模式界面有准备模式界面、执行模式界面、信息模式界面和图形模式界面，以及操作界面。如图 6-3 所示。

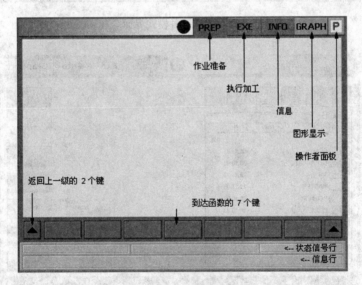

图 6-3　机床操作界面

6.2　准备模式界面

准备模式界面如图 6-4 所示。主要功能模块有【编辑】、【CT-专家系统】、【图像预映】、【文件管理】和【编辑表】。

1. 文件管理

【文件管理】模块由【新目录】、【删除】、【重命名】和【拷贝】组成。如图 6-5 所示。【新目录】功能是指在机床中产生一个新的工作目录文件夹。【删除】功能可以删除文件夹中的文件，也可删除文件夹。【重命名】功能是对文件夹中文件重新命名，修改文件名或文件后缀。

【拷贝】功能可实现文件夹之间的文件拷贝,也可将机床外部存储设备(如记忆棒或主机电脑)中的文件拷贝到机床内存中。

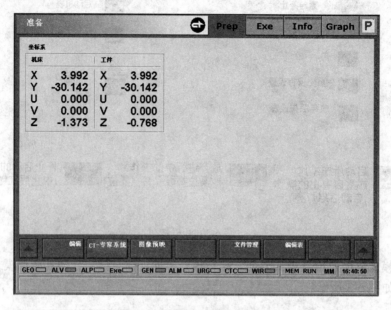

图 6-4　准备模式界面

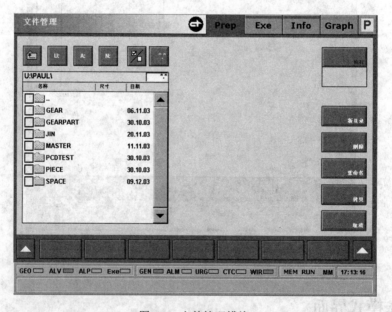

图 6-5　文件管理模块

2．编辑

【编辑】模块可对程序文件(以 ISO 为后缀)进行修改,一般修改内容程序号、工件高度、规准代码、穿丝代码、坐标值等。修改后对文件进行保存,机床中会增加一个备份文件,备份文件的内容与修改前文件的内容一致(后缀为 bak),如图 6-6、图 6-7 所示。

3．图像预映

【图像预映】模块是对程序文件进行屏幕模拟加工,从中找出一些不合理甚至是错误的切割方式及程序代码。点选【图像预映】,点击正确路径中的工件程序,再次点击【图像预映】,点击播放键【▶】。播放完成后会在路径中产生两个文件。

图 6-6 编辑模块

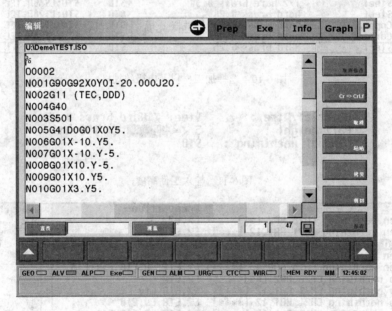

图 6-7 编辑程序

4. CT-专家系统

【CT-专家系统】模块是为加工程序产生工艺文件和丝表文件。先预览程序中的工艺文件名及工件高度值。点击【CT-专家系统】,选择与程序文件相同的目录位置,如图 6-8 所示;确认单位为mm后,再次点击【CT-专家系统】;用上下键选择【standard sequences】标准规准,如图 6-9 所示,回车;用上下键选择加工材料及电极丝规格,如图 6-10 所示,回车;输入工件高度,如图 6-11 所示,回车;选择加工规准,如图 6-12 所示,回车;点击【Save Sequence】

按钮，输入工艺文件名（需与程序文件中的工艺文件名相同），点击【Validate】按钮，如图6-13 所示，点击【Finish】，点击【EXIT】。察看路径下的文件，工艺文件及丝表文件已经产生。

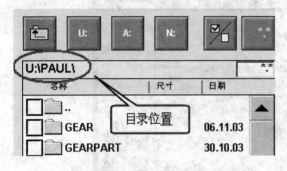

图 6-8 工艺文件存放目录位置

Automatic creation of sequence
Manual creation of sequence
Standard sequences
Review an existing sequence
Generation of command file

图 6-9 选择标准加工规准

Material	Wire	Machin.	File(.TEC)
Steel	Soft brass 0.25	STD	STD:LR25A.TEC
Steel	Soft brass 0.25	H-MINI	STD:LR25A3.TEC
Copper	Soft brass 0.25	STD	STD:LR25C.TEC
Steel	1/2 hard brass 0.25	STD	STD:LS25A.TEC
Copper	1/2 hard brass 0.25	STD	STD:LS25C.TEC
Fine grade graph	1/2 hard brass 0.25	STD	STD:LS25F.TEC
Aluminium	1/2 hard brass 0.25	STD	STD:LS25L.TEC
Carbide 12% Co	1/2 hard brass 0.25	STD	STD:LS25W.TEC
Steel	1/2 hard brass 0.30	STD	STD:LS30A.TEC
Steel	hard brass 0.20	STD	STD:LT20A.TEC
Copper	hard brass 0.20	STD	STD:LT20C.TEC
Carbide 12% Co	hard brass 0.20	STD	STD:LT20W.TEC
Steel	Hard brass 0.25	STD	STD:LT25A.TEC

选择此项

图 6-10 选择加工材料及电极丝规格

Material/Wire : Steel / Hard brass 0.25
Part height : 5 <= 40 <= 150 mm
Kind of machining : STD

图 6-11 输入工件高度

Name	Composition
Open machining CH26 RA2 [**]	E2,E7
Open machining CH21 RA1.12 [***]	E2,E7,E10
Open machining CH21 RA1.12 [****]	E2,E17,E8,E10
Open machining CH16 RA0.63 [****]	E2,E17,E8,E10,E11
Open machining CH13 RA0.45 [****]	E2,E17,E8,E10,E11,E13
Gap machining CH26 RA2 [**]	E2,E18
Gap machining CH21 RA1.12 [***]	E2,E18,E10
Gap machining CH21 RA1.12 [****]	E2,E18,E9,E10
Gap machining CH16 RA0.63 [****]	E2,E18,E9,E10,E11
Gap machining CH13 RA0.45 [****]	E2,E18,E9,E10,E11,E13

No.Sequences : 10 Standard : 10 User : 0

Reg	PM.r	Off
>E2	0	222
E17	40	153
E8	12	135
E10	5	135

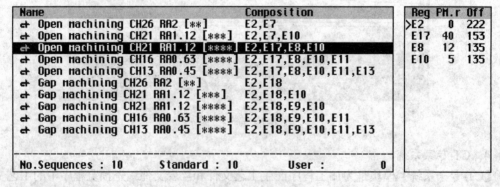

图 6-12 选择加工规准

5．编辑表

【编辑表】模块是对工艺文件进行编辑，只有带 U 字头的工艺文件及 USER.TEC 工艺文件可以编辑。一般可以利用此模块去察看已产生的工艺文件内容,如图 6-14 所示。材料去除量 SE、加工偏移量 OFFSET 0 及总偏移量 OFFSET 的含义如图 6-15 所示。

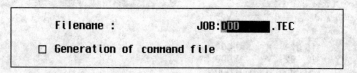

图 6-13 输入工艺文件名

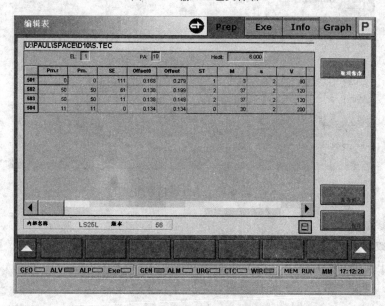

图 6-14 察看工艺文件内容

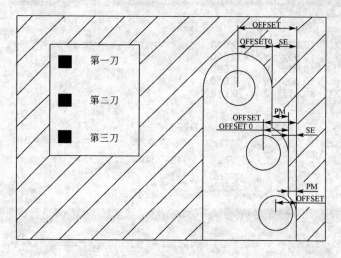

图 6-15 加工偏移量的含义

6.3 执行模式界面

执行模式界面如图 6-16 所示。主要功能模块有【程序执行】、【用户参数】、【脉冲电源参数】、【服务】、【测量】、【激活表】和【手动】。

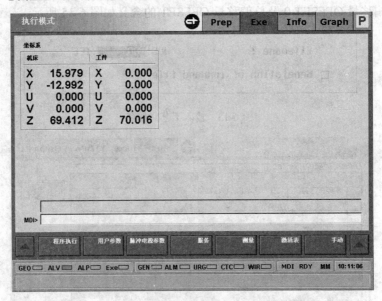

图 6-16　执行模式界面

1. 用户参数

【用户参数】界面如图 6-17 所示，操作者要关注缩放参数 SCF、旋转参数 ROT、镜像参数 MIR X(X 正负值对换)、MIR Y（Y 正负值对换）、MIR X/Y（X、Y 值同时镜像）、自动圆角参数 Rmin、间隙参数 CLE、偏移参数、锥度方式参数等。

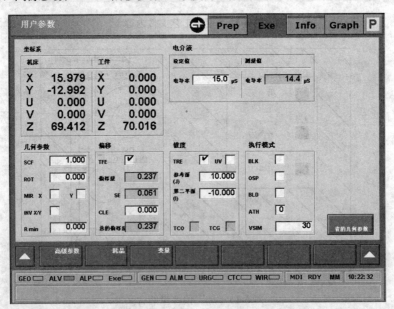

图 6-17　用户参数界面

2. 脉冲电源参数

【脉冲电源参数】界面如图 6-18 所示。这些参数是机床在加工过程中从工艺文件中调用的参数，个别参数是机床根据材料厚度等因素进行优化后得到的，亮显的参数可随时进行优化修改。

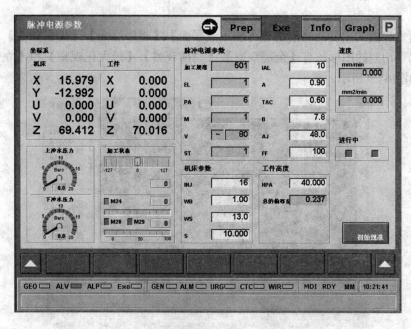

图 6-18　脉冲电源参数

6.4　信息模式界面

信息模式界面如图 6-19 所示。主要功能模块有【观察】、【机床】、【现行程序】、【信息】、【耗品】、【Doc 在线】和【其他信息】。

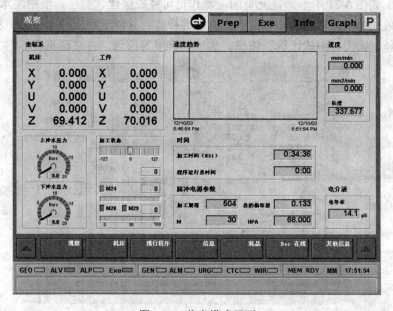

图 6-19　信息模式界面

6.5 图形模式界面

图形模式界面的主要功能模块有【加工液层面】、【程序层面】、【画图参数】和【清屏】。主要用于观察切割的图形，有【全局观察】、【局部观察】、【最大化观察】和【立体观察】四种方式，如图 6-20 所示。

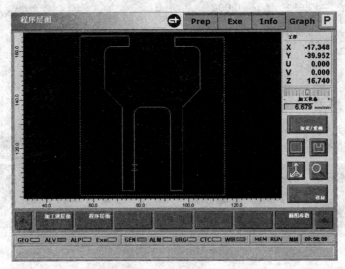

图 6-20 图形模式界面

6.6 操作页面

操作页面如图 6-21 所示。在此页面上操作员可完成穿丝、剪丝、液槽注水、液槽防水、模拟切割有效、单段执行有效、条件停止有效等操作。并能观察到冲水压力、机床坐标、工件坐标、走丝、张力、缩放比例、镜像、偏移、锥度等信息。各按钮见表 6-1。

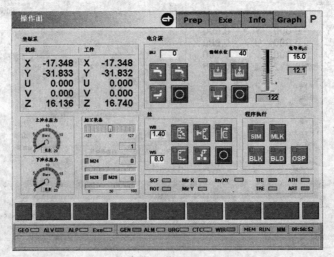

图 6-21 操作页面

第 6 章 机床操作过程

表 6-1 各按钮的含义

图标	含义	图标	含义	说明
	上高压冲水关闭		上高压冲水开启	粗加工时为了保证有足够的冲水压力，建议上下机头尽量贴近工件上下两面
	下高压冲水关闭		下高压冲水开启	
	穿丝水关闭		穿丝水开启，在丝已剪下的情况下开启可以大概确定丝的位置	
INJ 0		高压冲水设定，机床自动从工艺表中选择，粗加工才有高压冲水		
O		停止高压冲水/穿丝水		
	无张力状态		丝已加张紧力	
	停丝状态 = WIR		正在走丝 = WIR	
	通常状态		剪丝 = M50	
	通常状态		穿丝 = M60	
	导电块已压紧		导电块回退	
O		停止正在执行的指令		
WB 1.40		丝张紧力设定值，详细内容请参考 EXE-脉冲电源参数的解释		
WS 8.0		走丝速度设定值，详细内容请参考 EXE-脉冲电源参数的解释		
SIM	空运形无效	SIM	空运行有效，即执行程序时只走加工路径不会放电也不走丝。可用 VSIM 参数来调节空运形速度	等同于 EXE 中的空运行
MLK	校验程序无效	MLK	校验程序有效，即执行程序时机床不动也不放电只是检查程序，但是坐标显示值回动，当本功能取消时坐标显示正常值	等同于 EXE 中的校验
BLK	单段执行无效	BLK	单段执行有效，即执行一段 G/M 代码即停止	等同于 EXE 用户参数中的 BLK
BLD	跳段无效	BLD	跳段有效，表示程序前有/的就不执行（如/M00）	等同于 EXE 用户参数中的 BLD
OSP	M01 无效	OSP	M01 有效（M01 为程序暂停指令）	等同于 EXE 用户参数中的 OSP
SCF		SCF 7.000		放大 7 倍
ROT		ROT 90.000		切割图形逆时针旋转 90°
Mir X / Mir Y		MIR X ✓ Y ✓		图形 X 方向镜像/Y 方向镜像
Inv XY		INV X/Y ✓		图形 X/Y 反向切割
TFE	偏移量有效，通常状态			
TFE	偏移量无效，即切割时不带偏移（不执行 G41/G42）			
TRE	锥度有效（锥度切割）			
TRE	锥度无效			
ATH	自动重穿丝有效，即断丝后返回起始点穿丝再空运行到断丝点继续切割			
ATH	自动重穿丝无效			
ART	自动重启动有效，如在加工中突然断电，主电源在 3 min 内恢复机床会自动开机并继续加工。超过 3 min 考虑到温度问题机床只自动开机不会继续加工（操作面板上重启动应打到 ON）			
ART	自动重启动无效			
15.0	水导电率的设定值，当测量值大于设定值时离子瓶就开始工作			
12.1	水导电率的测量值，如果测量值大过设定值很多并且还在上升那么离子瓶里的树脂就要更换了			

6.7 加工步骤

6.7.1 穿丝孔的制作

穿丝孔是线切割加工的必要前提。对于未淬火的较薄的工件，可以使用数控机床钻孔或点孔，或使用钻床钻孔；对于较厚或已淬火的工件，可使用电火花小孔加工机床来加工穿丝孔。使用电火花小孔加工机床来加工穿丝孔时，要选择合适直径的电极管、加工参数等，坐标精确，穿丝孔要上下均匀，不可烧蚀工件。

6.7.2 装夹工件

工件装夹时，接触面必须保持干净，以保证良好的电接触，如图 6-22（a），工件必须固定在三个支撑点上，如图 6-22（b），也可使用支撑块、专用虎钳等工具，如图 6-22（c），对于薄板装夹可使用薄板件夹块，如图 6-22（d）。

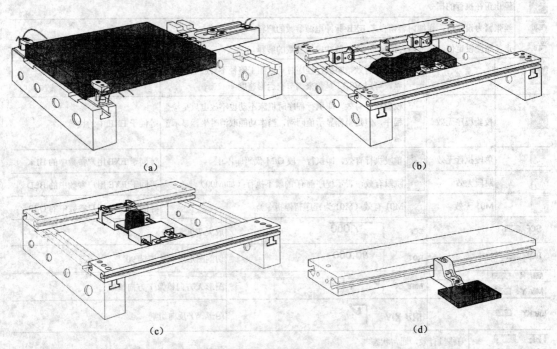

图 6-22 工件装夹各种方案

对于凹模板，须在 X、Y、Z 三个方向找正。先将模板基准边调整至平行于 X 轴（或 Y 轴），再在 X 方向及 Y 方向找正 Z 轴值。对于切割凸模零件时，只要在 X 方向及 Y 方向找正 Z 轴值。工件大致找正后，须将压板固定螺栓慢慢拧紧，并重复上述找正步骤，直至螺栓拧紧为止。

6.7.3 电极丝安装

机床选用特定直径（$\phi0.25$）的黄铜丝作为电极丝，电极丝放绕方式如图 6-23 所示。

6.7.4 导向器校正

在【执行模式】下选择【测量】按钮中的【调整】按钮，选择【导向器调整】按钮，对导向器进行校正,包括电极丝垂直校准(AxoU,AxoV)及调整锥度加工参数(ZID,AxoZ)。导向器校正界面如图 6-24 所示。

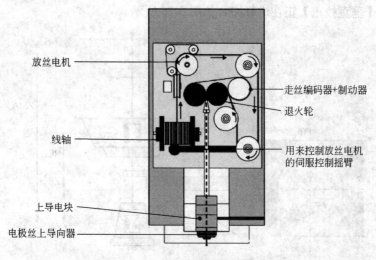

图 6-23 电极丝的安装

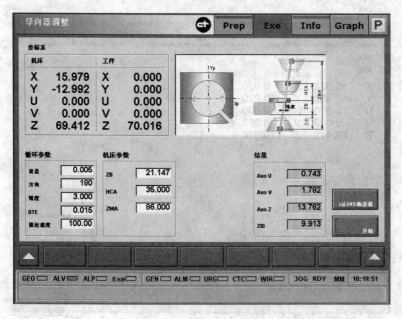

图 6-24 导向器校正界面

导向器校正之前,先要使用千分尺对校丝器进行精确测量,测出 ZB 数值,输入到测量页面中。将校丝器安装到工作台面上,电极丝移至校丝器孔的中间。在操作页面中设置强制水位高度为 20,并将水箱注水。检查循环参数(误差、方向、锥度、DTE、接近速度)的有效性、机床参数(ZB,HCA,ZMA)的有效性后开始测量,测量完成后用测量值更新参数 AxoU,AxoV,ZID,AxoZ。导向器校正示意图如图 6-25 所示。

导向器校正一般安排在重要零件切割之前,或锥度切割之后进行。工作液温度的变化会严重影响导向器的垂直参数,所以机床在无加工任务时不要关机(包括冷水机)。有时手动移动 UV 轴或自动穿丝不成功后可能导致垂直校准丢失,可按下列步骤恢复:在【执行模式】下选择【测量】按钮中的【校正】按钮,按【垂直校正(Vertical alignment)】键,该键的指示灯亮,表示【垂直校正】正在进行中。如图 6-26 所示。

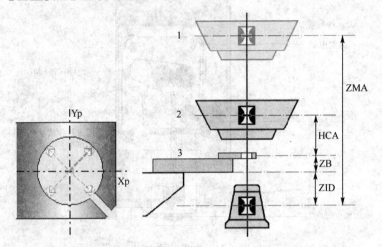

图 6-25 导向器校正示意图

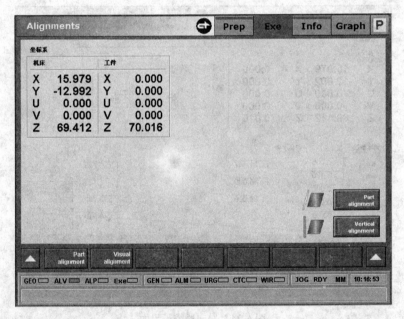

图 6-26 恢复垂直校正

6.7.5 新建目录

在加工前一般要新建一个工作目录,以存放工作文件(工件程序、工艺文件、丝表文件)。在【准备模式】下选择【文件管理】按钮,点击【新目录】按钮,输入文件名后点击【执行】即可完成新目录的建立。如图 6-27 所示。

6.7.6 文件拷贝

将存有工件程序的 U 盘(U disk,机床显示盘符为 F)插入机床读写口,在【准备模式】

下选择【文件管理】按钮,选择 F 盘,选择盘中的某个 ISO 文件(文件名前打"√"),点击【拷贝】按钮,选择文件拷贝路径,按【执行】按钮。如图 6-28 所示。

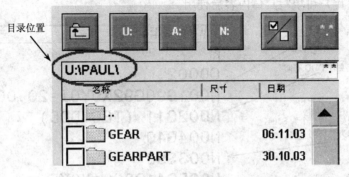

图 6-27　新建工作目录

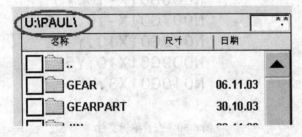

图 6-28　选择文件拷贝路径

6.7.7　查看及修改程序

在【准备模式】下选择【编辑】按钮,点击某文件夹,选择某 ISO 文件,点击【编辑】按钮,如图 6-29 所示。

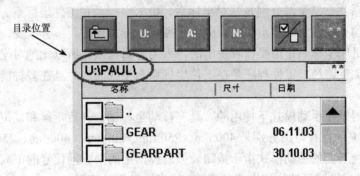

图 6-29　编辑文件

在这里可以看到工艺文件名称、切割几刀、添加辅助间隙等信息,如图 6-30 所示。如有修改需点击【保存】之后才可以点击【退出】。

6.7.8　CT-专家系统(工艺选择)

在【准备模式】下选择【CT-专家系统】按钮,点击某文件夹,再次点击【CT-专家系统】,根据电极丝状况、切割次数、材料厚度等参数生成工艺文件及丝表文件。文件生成步骤见前面章节叙述。在机床的系统中存在着可供用户直接使用的工艺文件和丝表文件,由于丝表文件是定义特定的电极丝状况的文件,在电极丝未更换的情况下,丝表文件不用改变。系统中有以 U 字开头的工艺文件,这种工艺文件用户可对部分参数进行修改,USER.TEC 工艺文件是一个空文件,用户可填写具体内容后使用。

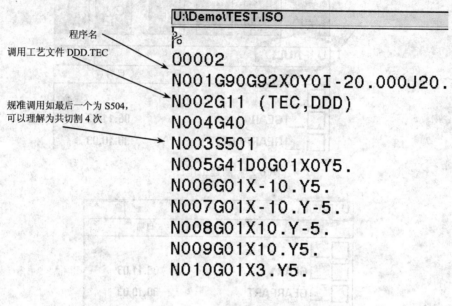

图 6-30　查看编辑文件

6.7.9　移动坐标轴

机床共有 X、Y、Z、U、V 五个坐标轴,任何坐标轴的运动,都是丝相对于工件的移动。X、Y 轴是工作台面下的十字溜板,支撑 Z 轴。U、V 轴是支撑上导丝机构的十字溜板,和 X、Y 轴平行,可使丝倾斜。Z 轴使上机头(上导丝机构)作垂直移动。如图 6-31 所示。

机床坐标系共有三个,分别是绝对坐标系、机床坐标系和工件坐标系。绝对坐标系是由安装在机床上的光栅固定标志点决定。因为光栅尺上标志点位置不会改变,所以是一种绝对的坐标系统。机床坐标系是由操作者决定的,因为容易修改,所以比绝对坐标系更实用。工件坐标系决定加工路径,工件程序是在工件坐标系上生成的,并且在多种情况下,与图纸上的坐标系一致。

机床遥控器是在手动模式下使用的,具有移动坐标轴、开启走丝和复位等功能。坐标轴 X、Y、Z、U、V 的行程范围分别是 400mm、250mm、200mm、400mm、250mm。

直接按遥控器上的手动模式指示按钮。按遥控器上的坐标轴代号的正向或负向即可移动坐标。在移动坐标轴时可按加速键或减速键,使坐标轴移动速度加快或减小。如图 6-32 所示。

6.7.10　机头定位

当切割凸模零件时,只需将电极丝穿入穿丝孔中。穿丝前要将弯曲的丝剪去,剪丝后丝头应无毛刺,穿丝时要利用惯性一次穿入孔内,若不成功则重穿(要同时开启走丝开关)。有时碰到孔较小(或窄缝中穿丝),可将丝先在烫丝电极上烫一下,以减小丝的直径,有利于穿丝的顺利进行。烫丝时,左手抓丝的末端,右手抓丝的中部,边烫丝边拉丝,同时向右手端的丝吹气,以降低温度,让丝在左端先烫断。穿丝完成后,可手动将丝调整到穿丝孔的中心位置。此时下降机头(Z 轴),将机头先快后慢地下降至工件表面的上方,可目测或用塞尺检查间隙大小，一般为 0.2~0.5mm。

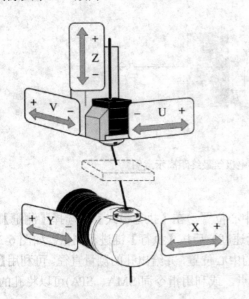

图 6-31　坐标轴

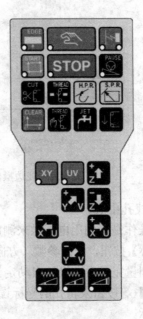

图 6-32　遥控器

当切割模板类工件时，则要找到机头相对于模板的相对位置。定位方法可利用机床的测量功能。这些测量功能有：找边、找角、找中心孔、找中心平面、找外轮廓中心等。

6.7.10.1　找边

找边操作是指利用电接触来测量电极丝与工件之间的距离。在【执行模式】下选择【测量】按钮中的【找边】按钮，修改参数（方向、最终距离、接近速度）后指定找边移动方向，按【执行】键进行测量。如图 6-33 所示。测量完成后电极丝离工件的距离等于电极丝半径加最终距离，如图 6-34 所示。配合指令词(SMA、SPA)可以将工件的边定义为某坐标。

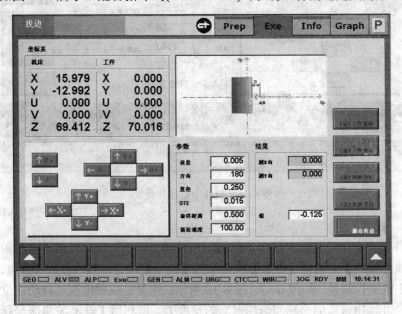

图 6-33　找边操作界面

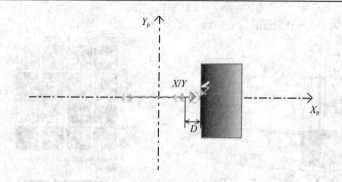

图 6-34 找边操作完成后电极丝最终距离示意图

6.7.10.2 找孔中心

找孔中心操作是指利用电接触来测定孔的中心位置。在【执行模式】下选择【测量】按钮中的【找中心】按钮，修改参数（方向、接近速度）后按【执行】键进行测量。如图 6-35、图 6-36 所示。测量完成后电极丝自动定位于孔的中心位置，并给出孔的测量直径。可利用【设定 X 机床坐标】等按钮来将孔的坐标设置成零点，或利用指令词(SMA、SPA)可以将孔的坐标设置为某坐标。

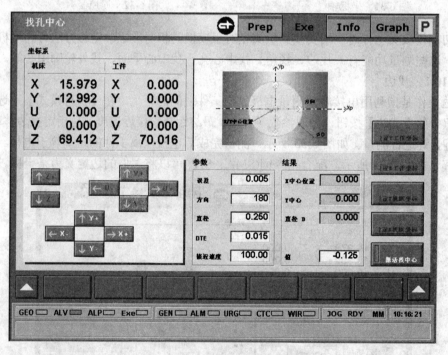

图 6-35 找孔中心操作界面

6.7.10.3 找中

找中操作是指利用电接触来测定工件的两相对面之间的中点，并测量该两相对面之间的距离。在【执行模式】下选择【测量】按钮中的【找中】按钮，修改参数（方向、接近速度）后按【执行】键进行测量。如图 6-37、图 6-38 所示。测量完成后电极丝自动定位于两相对面的中心位置，并给出该点的坐标和两相对面的宽度 D。可利用【设定 X 机床坐标】等按钮来将中心点的坐标设置成零点，或利用指令词（SMA、SPA）可以将中心的坐标设置为某坐标。

第 6 章 机床操作过程

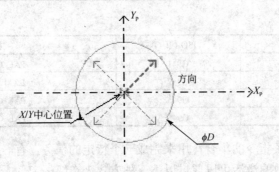

图 6-36 找孔方向示意图

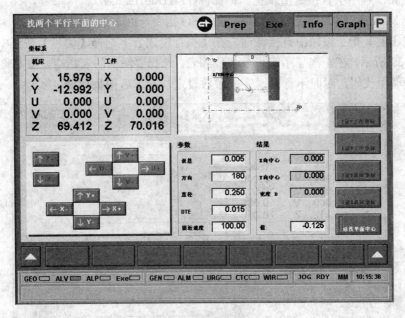

图 6-37 找中测量界面

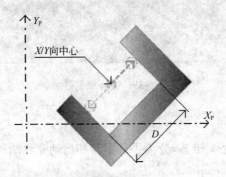

图 6-38 找中参数(方向、宽度)示意图

6.7.10.4 循环测量

循环测量是利用宏指令来对工件进行校正测量。测量的项目见表 6-2 所示。

表 6-2 循环测量项目

循环测量项目名称	ISO 代码	宏指令
角校准	G940	CRN_G940.ISO

循环测量项目名称	ISO 代码	宏指令
边校准	G941	PAL_G941.ISO
上外形分中	G942	EXM_G942.ISO
寻外圆中心	G943	PAL_G943.ISO
孔心连线校准	G945	PAL_G945.ISO

宏指令是一组相关指令的集合,用来完成一个特定的任务,有一些宏指令要定义特定执行参数才能激活。参数的激活可以通过以下三种方式来实现:

(1) 在 ISO 程序中直接赋值执行,例如:G941DddAaaSss。

(2) 在 MDI 对话框中执行,输入相同的 ISO 指令,回车后按执行键。

(3) 在【宏】指令按钮中直接激活,在【执行模式】下选择【测量】按钮中的【宏】按钮,如图 6-39 所示,在左侧显示宏指令名称列表,选择要激活的宏指令,按【准备执行】键,显示宏指令调用代码,对照示意图,完成参数设定,回车后按执行键。

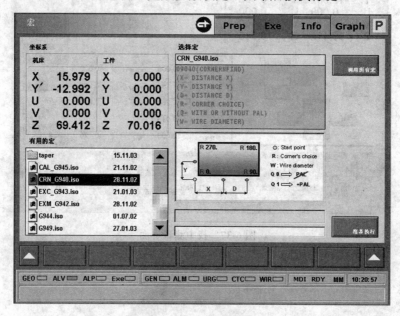

图 6-39 循环测量界面

6.7.11 穿丝

穿丝是线切割加工的必要准备,分为手动穿丝和自动穿丝两种。穿丝机构示意图如图 6-40 所示。

1. 手动穿丝

穿丝前须将上下机头对齐(U0,V0),开启穿丝引流水,如图 6-41 所示。目测移动机头至穿丝孔的上方,关闭穿丝引流水,此时若机头对准穿丝孔,会有一小股水流从下机头喷出。若没有水流喷出,则微调机头 X、Y 位置直至水流喷出。

穿丝前须将电极丝的前端拉直,可使用烫丝机构进行烫丝。烫丝时,左手捏住电极丝中间部分,右手牢固拽住电极丝末端,将电极丝靠到两个电极上,此时在电极丝中有大电流产生,使电极丝发烫变软,右手给电极丝一定的张力,并轻轻地向远离挡板的电极丝上吹气,以降低这部分电极丝的温度,确保电极丝在挡板处继续变细直至断裂。如图 6-42 所示。

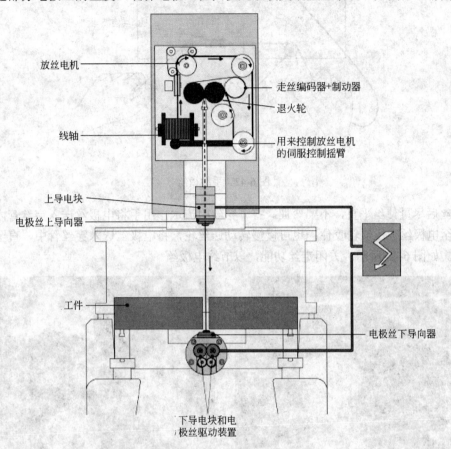

图 6-40 穿丝机构

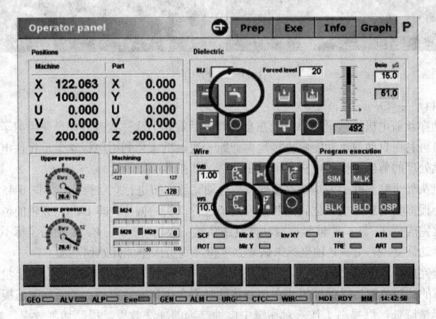

图 6-41 开启穿丝引流水

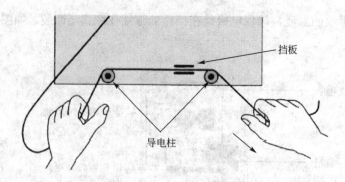

图 6-42　手动烫丝

烫丝后尽量使丝平直，不要弯曲。打开穿丝引流水，用手将电极丝送入穿丝管内，继续送丝直至电极丝被压丝轮咬住；也可慢慢转动送丝轮，将电极丝送入穿丝管中，直至电极丝被咬住。如图 6-43 所示。关闭走丝功能，以节约电极丝。

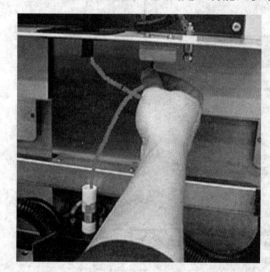

图 6-43　手动穿丝

2. 自动穿丝

自动穿丝前电极丝须平直，一般在自动剪丝后就处于这种状态。如是使用剪子剪断电极丝的，可再利用自动剪丝功能将电极丝再剪断一次，机床会利用电极丝卡爪拉住电极丝进行类似烫丝处理的剪丝操作。电极丝卡爪工作情况如图 6-44 所示。

当机头处于穿丝孔上方适当高度时，按自动穿丝按钮进行穿丝操作，如图 6-45 所示。此时机床会根据自动穿丝机头位置的初始设定值进行机头的偏位，即 U、V、Z 轴的位置发生移动，穿丝完成后 U、V、Z 轴坐标自动恢复；穿丝不成功时，U、V、Z 轴的坐标不会自动恢复，需手动恢复。若 U、V 轴坐标未恢复到零位，则机床不能开始切割加工。

穿丝完成后，降低 Z 轴高度，在上机头接近工件时使用低速移动，慢慢将上机头移动到工件上方的适当位置，以保证机头在切割移动时不会碰到安装压板；若无安装压板的影响，则机头尽量降低，以提高工作液对切缝中电蚀产物的冲洗效果，提高切割效率。如图 6-46 所示。

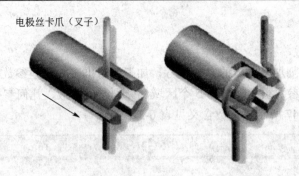

图 6-44 自动剪丝时电极丝卡爪工作情况

穿丝完成后将水箱注满工作液,机床会根据上机头的位置自动调整工作液的高度。有时会因气压问题而注水失败,重新按注水按钮直至注水完成。

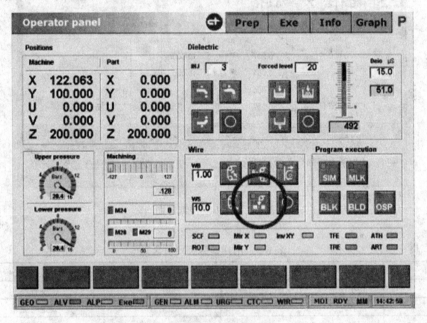

图 6-45 自动穿丝

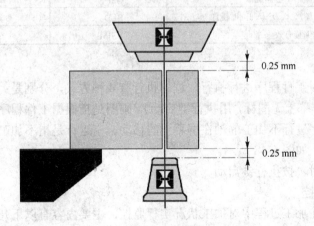

图 6-46 上下机头离工件的理想距离

6.7.12 切割

1. 用户参数修改

切割加工是线切割加工机床的主要任务，加工前对机床的一些参数调整是必不可少的，这些参数主要在用户参数页中，分为 5 个区域，分别是电介液、几何参数、偏移、锥度和执行模式区域。如图 6-47 所示。参数含义见表 6-3。

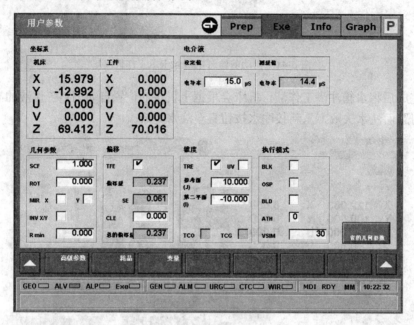

图 6-47 用户参数页面

表 6-3 用户参数页项目含义

项目	含义	项目	含义
SCF	切割比例	TRE	锥度有效
ROT	旋转角度	CLE	设定间隙
MIR X	图形 X 方向镜像	BLK	单段执行
MIR Y	图形 Y 方向镜像	OSP	M01 有效
MIR X/Y	图形 X、Y 方向同时镜像	BLD	跳段执行
TFE	偏移有效	VSIM	空运行速度

2. 程序执行

程序执行是指对工件程序进行执行。程序执行有 4 种方式，分别是：画图、检验、空运行和切割加工（在屏幕上无图标，用执行键启动）。画图是指根据工件程序在屏幕上画出编程路径。检验是对程序进行不加工的轴在屏幕上的移动。空运行是指不加工的轴的移动，路径同时显示在屏幕上。如图 6-48 所示。

程序执行加工时，按执行键启动。

6.7.13 加工监控

加工监控是指在加工过程中对加工状况实行监控，主要内容有以下几点：

（1）监控主要数据和图形显示，主要数据包括坐标、加工速度、加工指示器、冲液压力、工作液温度、工作液导电率、当前的策略值、加工时间和加工距离等。

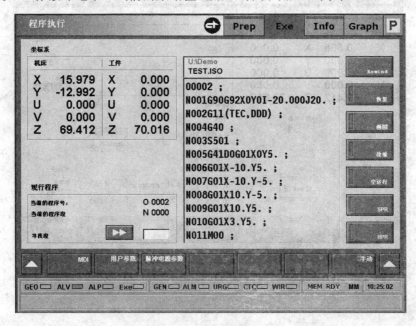

图 6-48　程序执行页面

（2）跟踪各程序段的逐段执行情况。
（3）图形显示轮廓和电极丝路径，如图 6-49 所示。
（4）显示消耗品的损耗程度。
（5）发送信息（出错或报警），如图 6-50 所示。

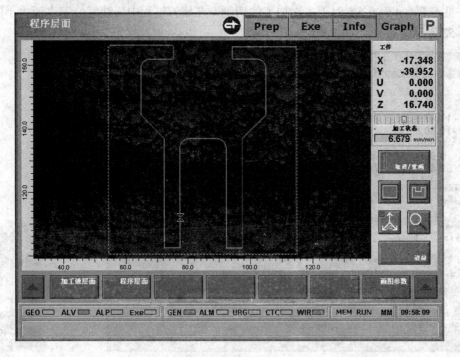

图 6-49　显示加工图形

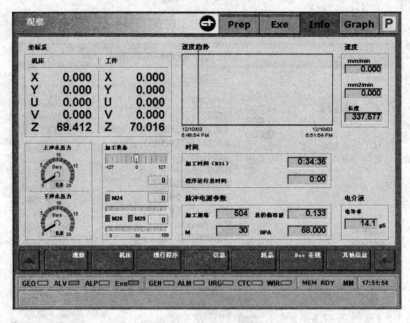

图 6-50 加工数据监控

6.7.14 参数优化

可以通过修改参数来改善加工状况,以保证加工的顺利进行,完成加工任务。参数修改是一项对操作员有较高要求的工作,操作员必须理解给定的情况,考虑是否要进行干预,并决定干预的类型和程度,可修改的加工参数集中在脉冲电源参数页中,如图 6-51 所示。可进行修改的参数有:Aj、B、FF、WS、WB 和 INJ。下列各项是为最常用的修改所设立的一个构架,见表 6-4 和表 6-5。对于多次加工的切割,在修刀过程中应注意修刀水流大小的控制,如图 6-52 所示。

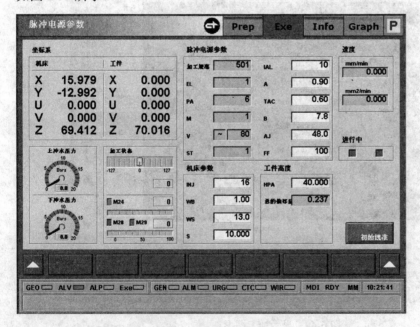

图 6-51 脉冲电源参数页   图 6-52 修刀水流控制

表 6-4 粗加工阶段优化参数

参数	含义	修改	作用
Aj	平均加工电压	减小	增加切割速度,有不稳定的风险
S	伺服速度	减小	加工速度慢但更加稳定
B	脉冲间隔	减小	提高切割速度达一定值,有断丝风险
WS	走丝速度	增大	改善工件平行度,提高切割速度,耗丝
WB	丝张力	增大	改善精度,有断丝风险
INJ	冲液压力	增大	提高切割速度,但对精度不利

表 6-5 精加工阶段优化参数

参数	含义	修改	作用
Aj	平均加工电压	减小	增加进给速度,减少材料去除量,工件有凸圆风险
WS	走丝速度	增大	改善工件平行度,耗丝
WB	丝张力	增大	精度稍有改善,断丝风险加大

6.7.15 加工中断处理

加工过程中会出现加工中断情况,有时是操作员(或程序设定)主动中断加工,如取废料、观察加工情况等;有时是异常情况导致加工中断,如断丝、气压不足、电极丝耗尽、短路等。针对不同的中断情况要采取不同的应对措施以恢复加工。

6.7.16 结束加工作业

完成加工作业后可进行以下操作:
(1)排空部分工作液,手动移动坐标轴至安全区域。
(2)拆卸工件。
(3)清洗工作区域。
(4)擦净并放回测量器和装夹附件。
(5)填写加工报告。
(6)长时间不使用机床时方可关闭机床(包括冷水机)。

复习思考题

6.1 怎样将 U 盘中的文件拷贝到机床内存中?
6.2 怎样使用图像预映功能检查文件?
6.3 怎样修改命令文件?修改内容是什么?
6.4 怎样进行模拟切割?
6.5 凹模和凸模多次切割的加工规准分别是什么?
6.6 怎样提高模板的切割加工精度?
6.7 怎样提高凸模的切割加工精度?
6.8 阐述凹模一次切割的加工操作过程。
6.9 工件切割前要查看哪些用户参数?
6.10 为什么要将机床坐标与工件坐标设成一致?怎样设置?

读书笔记

第 7 章 机 床 维 护

> **主要内容：**
> - 机床日常维护保养。

本章主要介绍机床的日常维护和定期保养维护。使学员在实际工作中碰到一些简单故障时能自行排除，提高机床实际使用效率。

7.1 日常维护

机床在使用过程中难免会出现一些故障，排除故障并恢复机床基本的功能，给机床正常的维护保养是日常工作中的一项重要内容。机床维护分为日常维护和定期保养维护，在日常维护中机头的维护显得尤为重要。

7.1.1 上机头的维护

机头的维护包括机头的拆卸、故障排除、清洗、装配等环节，在拆卸和装配过程中有一些常用的工具，如图 7-1 所示。

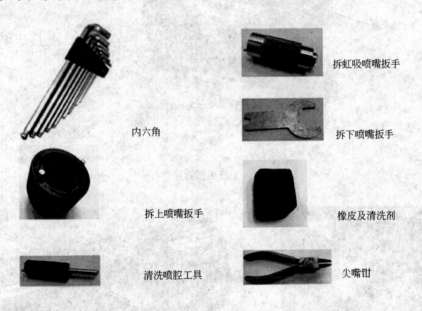

图 7-1 机头维护的常用工具

上机头包括虹吸模块、重穿丝模块、导电模块和上喷嘴 4 个模块。如图 7-2 所示。在拆卸过程中要按一定的步骤进行，一般拆卸顺序为：导电块、右边的盖板、固定螺钉、各个水管、电机线，最后取下各模块。如图 7-3 所示。如果不先拆卸导电块，可能会损伤重穿丝模块。使用内六角扳手将导电块首先拆下。如图7-4所示。

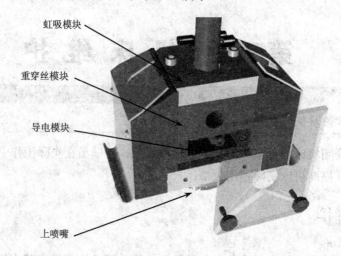

图7-2 上喷嘴组成

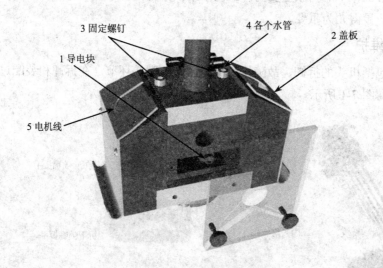

图7-3 上机头拆卸顺序

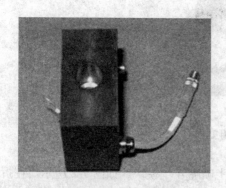

图7-4 导电块

图7-5 专用扳手

使用一字螺丝刀或专用工具，如图7-5所示，将虹吸模块的零件1旋出，取下零件2，小心取下虹吸喷嘴 3，检查喷嘴污染及磨损情况，清洗喷嘴。如图 7-6、图 7-7 所示。喷嘴多用陶瓷制造，体积很小，极易损坏及丢失，要特别当心。虹吸喷嘴太脏时会影响自动穿丝的成功率，特别是 0.1～0.15mm 的电极丝。

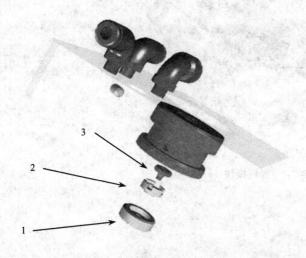

图 7-6　拆卸虹吸喷嘴的顺序

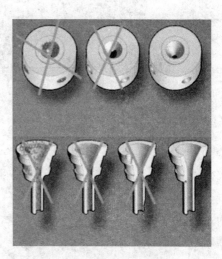

图 7-7　检查并清洗喷嘴

重穿丝模块的清洗无特别要求，若重穿丝模块很少使用，建议把重穿丝模块拆下，用随机附带的短接线短接。如图 7-8 所示。

图 7-8　重穿丝模块

导电模块在拆卸时注意小密封圈，不能丢失。察看导电连接件有无断裂，导电块可以有 8 条印痕。清洗各零件。导电块的过度磨损和导电连接件的断裂会导致加工效率低下。如图 7-9 所示。

在取下喷腔主体前，先把虹吸模块、导电块模块拆下。在拆卸下喷腔主体时，要均匀垂直向下用力，否则易损坏喷腔及密封圈。上喷腔拆卸顺序如图 7-10 所示。上喷腔上方有固定组件，如图 7-11 所示。其中穿丝螺母和导向器的清洁检查尤为重要，穿丝螺母和导向器的结构如图 7-12、图 7-13 所示。

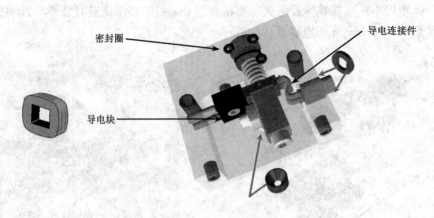

图 7-9　导电模块

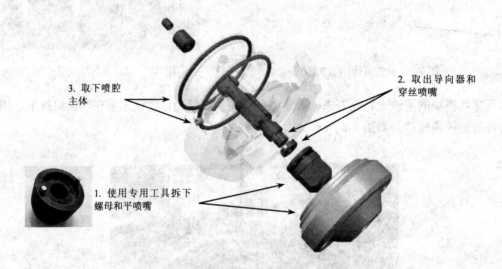

图 7-10　上喷腔的拆卸

图 7-11　上喷腔固定组件

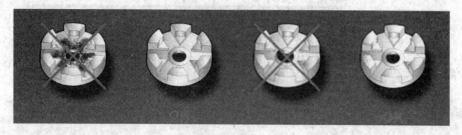

图 7-12 检查穿丝螺母的形状并清洁

电极丝导向器的清洁可使用酒精或三氯乙烯，但使用时间尽量不超过 30s。也可在小功率超声清洗槽内清洗，时间更要控制在 10s 以内。倘若清理电极丝导向器内部出现困难可以使用微粒砂布，轻轻擦拭。导丝嘴的清洁与导向器的清洁类似。导丝嘴如图 7-14 所示。上机头的清洁还包括高压水通道清洗及窄缝通道的清洁，如图 7-15 所示。

图 7-13 检查导向器的形状并清洁

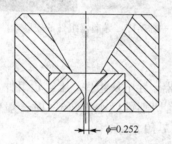

$\phi=0.252$

图 7-14 导丝嘴形状

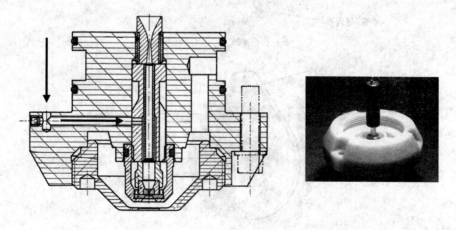

图 7-15 高压水通道及窄缝通道清洗方式

图 7-16　导向器与穿丝嘴组件

安装时要注意安装方向，电极丝导向器必须安装在穿丝喷嘴之内。如图 7-16 所示。要仔细对齐螺纹并轻轻地选入，在密封圈处涂润滑脂以便于安装和下次拆卸。注意安装方向，对齐安装位置标志点，错误的方法会导致无导电块润滑水，从而导致加工效率低下。如图 7-17 所示。

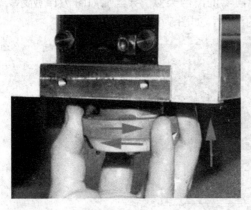

图 7-17　导向器组件的安装

7.1.2　下机头的维护

下机头主要包括喷嘴、导向器、导电块组件、压丝轮组件、剪丝组件等。如图 7-18 所示。喷嘴分为平喷嘴和浮动喷嘴，当切割锥度小于 15°时一般使用平喷嘴。当切割锥度大于 15°时一般使用浮动喷嘴，如图 7-19 所示。

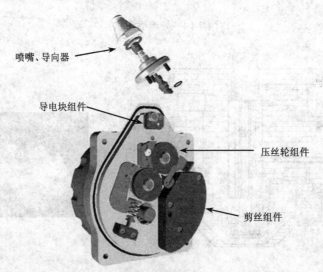

图 7-18　下机头的组成

第7章 机床维护

图 7-19 平喷嘴和浮动喷嘴

拆卸下机头时先将导电接头紧固螺钉拆下，再将导电块组件拆下，最后将下机头拆下，下机头紧固螺钉共有 4 颗，拆卸时要按对角拆卸的顺序进行拆卸。如图 7-20 所示。

图 7-20 下机头的拆卸

导电组件拆下后检查导电块的印痕，印痕太深会影响电极丝与导电块的导电性，此时必须更改导电块与电极丝的接触面，一个导电块可以有 8 条印痕，先拆下导电块紧固螺钉，取出导电块，检查导电块表面的氧化程度，清洁后翻转或旋转导电块，安装到导电支撑块上，导电支撑块与电缆的接触面要清洁干净。导电块组件如图 7-21 所示。

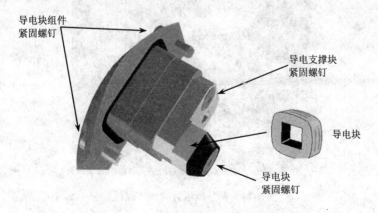

图 7-21 导电块组件

清洁压丝轮组件,检查压丝轮表面的磨损情况,若磨损严重需更换压丝轮。拆卸压丝轮时要先将压丝轮防转齿片压住齿轮,再旋松压丝轮紧固螺钉。如图7-22所示。

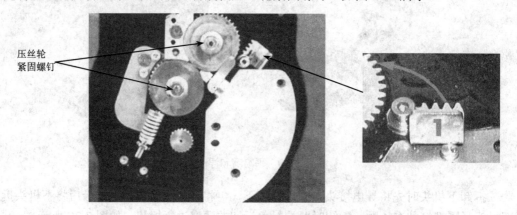

图7-22 压丝轮的拆卸

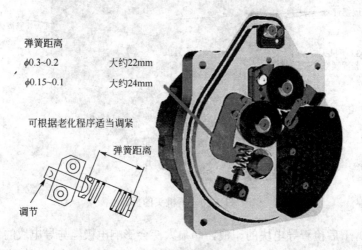

图7-23 调节弹簧距离

图7-24 调节压紧力的调节螺钉

测量压丝轮压紧弹簧的压缩后距离,使用新轮时的弹簧距离约为22mm(ϕ0.2~0.3的电极丝），压丝轮使用一段时间后要根据压丝轮磨损老化程度适当调紧。如图 7-23、图 7-24 所示。

拆卸剪丝组件的外盖，清洁外盖内侧及各零件表面，使用气枪清洁时要带好防护眼镜。检查刀柱及剪丝轮的磨损情况，磨损严重时要反转安装刀柱、更换剪丝刀，安装时要注意剪丝刀的安装方向。剪丝组件的组成如图 7-25 所示。

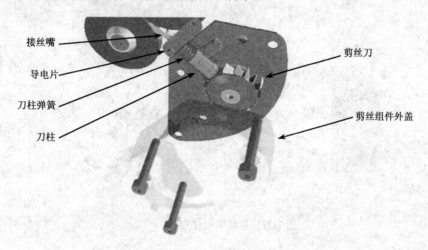

图 7-25　剪丝组件的组成

下机头过渡件如图 7-26 所示，清洁时一般不需要拆下，可用气枪或冲水清洁。电缆表面需清洁除垢，以免影响接触导电性。

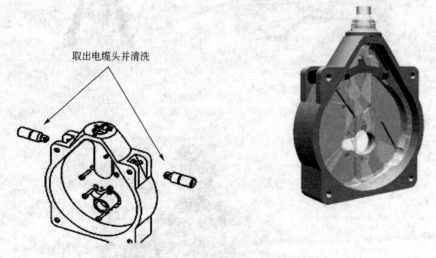

图 7-26　下机头过渡件的拆卸与清洗

各部件清洁完成后，即可进行安装。剪丝组件外盖安装时安装螺钉要均匀拧紧，拧紧力不可太大。下机头安装前，在密封圈上涂上润滑油，打开走丝按钮，设定走丝速度为 0.2，将下机头套入下机头过渡件上，插入安装螺钉并拧紧，下面的两颗螺钉不能拧得太紧。导电块安装时以不漏水为准，不能拧得太紧，以免损坏塑料件和螺纹。

导丝嘴安装时不要使用安装工具，可用手拧紧，以免损坏陶瓷零件。可使用工具调整喷嘴与基准平面的距离，以 0.25mm 为参考值。如图 7-27、图 7-28 所示。

机床工作气压的调节如图 7-29 所示。

（1）向上拉出旋钮。

（2）旋转按钮直至读数为 6bar（6×10^5Pa）。

（3）按下旋钮。

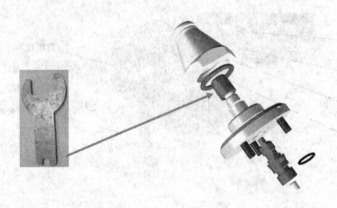

图 7-27　导丝嘴组件安装

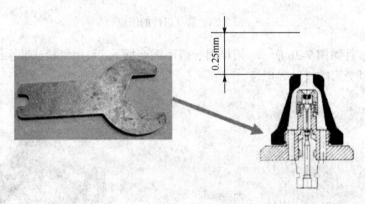

图 7-28　下喷嘴高度调节

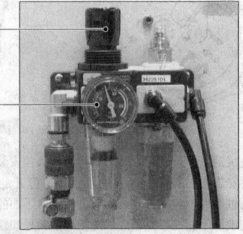

图 7-29　工作气压调整

7.2 定期保养维护

7.2.1 每日保养

每次开机前须检查以下各项：
（1）检查工作液过滤回路的压力（filtering circuit pressure）；
（2）检查工作液导电率（deionisation value）；
（3）检查电极丝品质（quality）和储量（storage）；
（4）上下冲水水流调节（top and bottom minimum injection）；
（5）检查上下导电块（top and bottom wetting contact）；
（6）检查机床接地（earthing braid）情况；
（7）走丝稳定性（wire unwinding stability）、丝张力（wire brake calibration）检测；
（8）检查上导电块（top machining contact）的状态。

7.2.2 每周保养

每周需检查以下各项：
（1）丝张力（wire tension）检测；
（2）检查上下机头喷水压力（high pressure）；
（3）检查线导轮（wire drive roller）状态；
（4）检查上下导丝嘴（top and bottom wire guides）；
（5）检查调节喷嘴（injection nozzle）。

7.2.3 每月保养

每月需检查以下各项：
（1）检查电气柜空气过滤板（air filter）：要每月或更经常检查清洁电气柜空气过滤板及导线状态。如果太脏或电气柜温度太高需立即清洁过滤板。
（2）检查下导电块（bottom contact brush）状况：检查下导电块的磨损及表面情况。
（3）检查制动带（brake belt）：检查制动带的磨损情况。
（4）检查卷线驱动带（spool drive belt）：检查卷线驱动带的磨损情况。
（5）上机头部件（top head block）清洁。
（6）上机头部件的拆卸（removal）及安装。
（7）检查吸丝嘴（suction nozzle）：对细丝嘴清洁。每6个月检查导丝嘴的垂直度。
（8）检查清洁上导丝孔（top injection chamber）。
（9）检查调整上导丝嘴（top injection chamber guide sleeve）。
（10）检查 X、Y、U、V 和 Z 轴：当出现错误信息 A050 或 F051 时，应对 X、Y、U、V 和 Z 轴进行清洁并润滑（lubrication）。

7.2.4 半年保养

每半年需检查以下各项：
（1）检查热交换器（heat exchanger）：检查清洁热交换器。

(2) 检查导丝嘴（guide sleeve）、蓝宝石（sapphire）和丝导向器（wire guide）：检查导丝嘴、蓝宝石和丝导向器的几何形状。

(3) 检查导丝嘴（guide sleeve）的状况：每半年检查导丝嘴的垂直度。

7.2.5 工作台、机头、导轨维护保养

在机床长时间工作中，机床的工作台面和机头内的部件，以及切割时被冲出的高压水所沾到的表面都会被污染，但这种污染不会对机床的金属零部件有所腐蚀。机头内部堆积了一定的切割腐蚀产物，就会对机床的切割速度以及加工精度造成影响。所以在机床正常工作情况下，必须定期拆洗上下机头部件，保持上下机头内部的导电块有充分的水流，以及便于在穿丝中能够顺畅地穿丝，这样，机床的切割速度和精度才能有所提高。

在拆卸上下机头部件时，要小心谨慎，不要弄丢零件，特别是导向器，价值很昂贵。拆卸机头时，先将上下机头移到适当位置，将上下机头的喷嘴用专用的扳手拆下，然后拆导向器，最后拆上下基座，每个基座有三个螺钉固定。拆下后放入盛有清洗剂的容器中浸泡清洗，清洗剂一般采用草酸溶液或从日本进口的 K200 清洗剂。

清洗完毕后用清水冲净，检查是否清洗干净，然后用气枪吹干。接着用蘸有少许清洗剂的布对机床的上下机头的基座腔进行擦洗。值得注意的是：切勿将清洗剂（K200）滴入机床水箱中，因为它会对树脂造成破坏。接着，把拆下来的零件导向器、导电块、密封圈按原样进行装配，夹丝轮、导丝轮在装配各个螺钉时，不能拧得太紧，也不能太松。装配完成后，先将水泵打开，观察从上下导电块喷出的水流是否通畅。最后在工作台面做好清洁工作后，进行丝的校准垂直，详情参见测量模块。校准垂直后方可进行切割工作。

X、Y、Z、U、V 轴分别有它们的运动导轨，在正常工作中，必须做到每周对导轨进行一次润滑工作。

7.2.6 工作液的维护

定期对机床的工作液进行维护是非常必要的，机床会显示一些信息，提示操作者作必要的处理。

正常工作中，因长时间高温放电及高压喷水，水会被逐渐蒸发，此时系统会提示操作者加水（信息：E716）。

机床设置的电介液离子度为 Deio：15 u/scm，正常操作时要保持（15±1）u/scm，如果超过该值就表示机床该更换树脂了（信息：E705）。

当机床连续工作数日后，工作液在循环过程中不断被切割下来的废屑污染，机床将工作液流经滤芯使工作液净化，当出现提示 E715 时，表示要更换滤芯了。滤芯共有 4 个，位于机床的背后。

机床工作数月后，污水箱和净水箱内会有污物沉淀，即使更换滤芯也无用，那么要对污水箱和净水箱进行彻底清洗。完毕后加注新的工作液。

机床配置了工作液恒温系统，在连续的切割过程中，由于高温放电腐蚀作用，工件和工作液不断升温，为了使工件和机床工作台等保持恒温状态，设定恒温系统水温为 20℃即可。切割中如果水温不断增高，机床会停止工作，此时就有必要检查机床热交换器，是否有水管被污物堵塞。另外，环境温度过高也会使机床停止工作。

7.2.7 电气柜的维护

机床开机后，电气柜的所有部件都开始运行。为了给电气元件冷却，机床安装了进风口和排风口。机床长时间工作后，电气柜中会积存一定量的灰尘，要定期用毛刷清除，同时要更换进风口和排风口的滤网。

除了进行上述的必要的维护外，如出现下列等情况时要通知夏米尔的维护人员：系统出错，控制柜问题，导轨破损，或要检测丝杠精度等。

复习思考题

7.1 怎样对工作台、机头、导轨进行维护保养？
7.2 怎样对工作液进行维护保养？

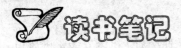

第 2 篇

电火花成型加工

第 8 章　FORM 20 电火花机床

第 9 章　艺参数设定

第 10 章　工作液冲洗方式

第 11 章　机床操作过程

第 12 章　应用及工艺

第 8 章　FORM 20 电火花机床

>>> 主要内容：
- 电火花机床的结构。
- 机床操作安全规程
- 机床的维护保养
- 劳动保护及安全措施

本章主要介绍 FORM 20 机床的结构，机床维护保养，机床操作安全规程及劳动保护措施等知识，使初学者对 FORM 20 机床有一个大概的了解，为后续的学习作一个准备。

8.1　电火花加工机床的结构

图 8-1 为常用电火花加工机床的结构图，图（a）为由机床床身底座、立柱、主轴头、工作台、工作液槽等组成的框形立柱式 C 形结构。图（b）为主轴和工作台各运动轴的定义。主轴 Z 向上运动为 (+)，向下为 (−)；工作台 X 轴向右为 (+)，向左为 (−)；Y 轴向前为 (+)，向后为 (−)。电火花加工机床外观如图 8-2 所示。

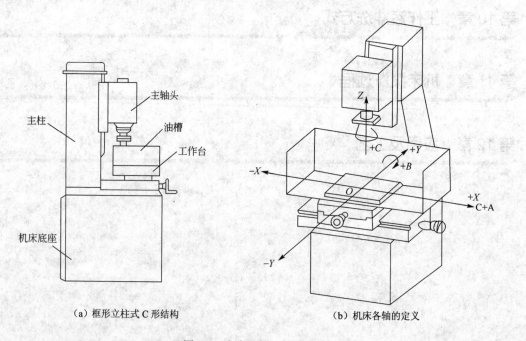

(a) 框形立柱式 C 形结构　　　　(b) 机床各轴的定义

图 8-1　电火花加工机床结构

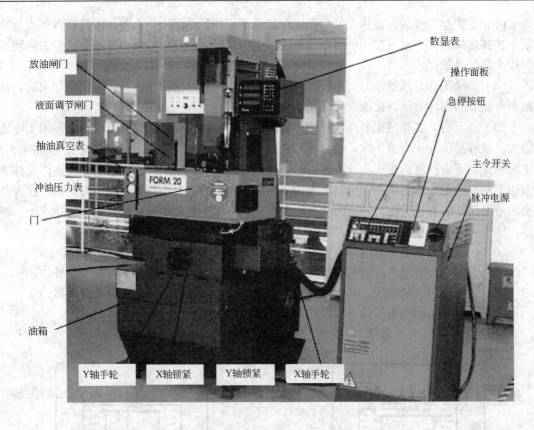

图 8-2 电火花加工机床外观

8.2 电火花加工的安全技术规程

电火花加工直接利用电能，且工具电极等裸露部分有 100~300 V 的高电压。高频脉冲电源工作时向周围发射一定强度的高频电磁波，人体离得过近，或受辐射时间过长，会影响人体健康。此外电火花加工用的工作液煤油在常温下也会蒸发、挥发出煤油蒸气，含有烷烃、芳烃、环烃和少量烯烃等有机成分，它们虽不是有毒气体，但长期大量吸入人体，也不利于健康。在煤油中长时间脉冲火花放电，煤油在瞬时局部高温下会分解出氢气、乙炔、乙烯、甲烷，还有少量一氧化碳（约 0.1%）和大量油雾烟气，遇明火很容易燃烧，引起火灾，吸入人体对呼吸器官和中枢神经也有不同程度的危害，所以人身防触电等技术保安和安全防火非常重要。

电火花加工中的主要技术安全规程有：

（1）电火花机床应设置专用地线，使电源箱外壳、床身及其他设备可靠接地，防止电气设备绝缘损坏而发生触电。

（2）操作人员必须站在耐压 20 kV 以上的绝缘板上进行工作，加工过程中不可碰触电极工具，操作人员不得较长时间离开电火花机床，重要机床每班操作人员不得少于两人。

（3）经常保持机床电气设备清洁，防止受潮，以免降低绝缘强度而影响机床的正常工作。

若电机、电器、电线的绝缘损坏（击穿）或绝缘性能不好（漏电）时，其外壳便会带电，如果人体与带电外壳接触，而又站立在没有绝缘的地面时，轻则"麻电"，重则有生命危险。

为了防止这类触电事故，操作人员应站立在铺有绝缘垫的地面上；另外，电气设备外壳常采用保护接地措施，一旦发生绝缘击穿漏电，外壳与地短路，使保险丝熔断或空气开关跳闸，保护人体不再触电。

（4）加添工作介质煤油时，不得混入类似汽油之类的易燃液体，防止火花引起火灾。油箱要有足够的循环油量，使油温限制在安全范围内。

（5）加工时，工作液面要高于工件一定距离（30～100 mm），如果液面过低，加工电流较大，很容易引起火灾。为此，操作人员应经常检查工作液面是否合适。要避免出现图 8-3 中的错误。还应注意，在火花放电转成电弧放电时，电弧放电点局部会因温度过高，工件表面向上积炭结焦，越长越高，主轴跟着向上回退，直至在空气中放火花而引起火灾。这种情况，液面保护装置也无法预防。为此，除非电火花机床上装有烟火自动监测和自动灭火，否则，操作人员不能较长时间离开。

（6）根据煤油的混浊程度，要及时更换过滤介质，并保持油路畅通。

（7）电火花加工间内，应有抽油雾、烟气的排风换气装置，保持室内空气良好。

（8）机床周围严禁烟火，并应配备适用于油类的灭火器，最好配置自动灭火器。

（9）电火花机床的电气设备应设置专人负责，其他人员不得擅自乱动。

（10）下班前应关断总电源，关好门窗。

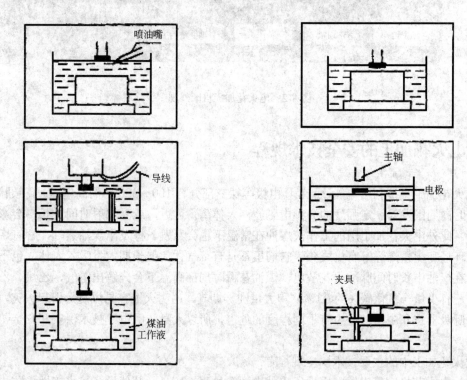

图 8-3 各种错误液面高度

8.3 Form20 电火花机床的维护保养

如果机床每周工作时间为 40 h，按如下规定做保养工作是必要的也是很有效的。如每周超过 40 h，那就要适当增加保养次数。

(1) 日保养：清洗工作台面和操作面板等。

(2) 周保养：检查过滤器，如果开泵后 2 h，喷嘴冲出的油很黑或者冲油压力不足，过滤器必须更换。操作过程如图 8-4 所示。检查并润滑 X、Y、Z 轴。

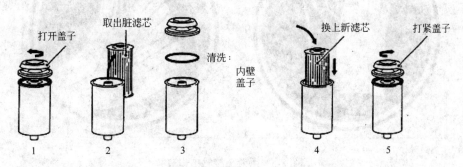

图 8-4　滤芯更换操作过程

(3) 月保养：检查电柜的空气过滤器，视车间空气的清洁程度而定，最少 3 个月要换一次；检查脉冲电源内风扇的工作情况，应保持清洁。

(4) 半年保养：检查油箱液面，检查时工作液槽应完全放空；在工作液系统工作时，检查工作液温度控制器，通常温度控制在 20℃，最高温度控制在 40℃，如有必要作如下调整：

① 从 1 到 5 温度调高。

② 从 5 到 1 温度调低。

(5) 年保养：检查 Z 轴同步齿形带的张力及磨损工作情况，必要时更换；检查工作液质量，如果加工性能下降，应更换工作液。更换程序如下：

① 拆卸工作液槽上的油管，插入准备好的储油桶。

② 开泵，直到工作液排空。

注意：不要把工作液下面沉淀的渣子吸到油泵中去。

③ 关泵。注意：自吸式油泵不要排空，泵内应有油，以便下次启动。

④ 接好工作液槽上油管。

⑤ 拧开放油塞将油箱完全放空。

⑥ 清理油箱内残渣。

⑦ 拧上放油塞。

⑧ 灌上约 375L 清洁的工作液。

8.4　劳动保护及安全措施

8.4.1　工作液

禁止使用闪点低于 57℃ 的工作液。工作时应遵循以下劳动保护规则：

(1) 避免长期接触工作液，应该戴手套。

(2) 接触工作液后必须洗手。如图 8-5。

(3) 防止工作液溅入眼睛。

(4) 禁止吸入工作液。

图 8-5　手避免接触工作液

8.4.2　防火

（1）工作液槽中有两个工作液温度检测器，如温度过高能立即停机。

（2）在机床 5 m 范围内，禁止使用明火和裸露的灯泡，当然更要禁止吸烟（应张贴禁止吸烟标志）

（3）CO_2 灭火器必需放在机床旁边，随手就可拿到的地方。

（4）当机床处于无人看管时，必须安装烟雾探测器及自动灭火装置。

（5）放电加工时，液面必须高出工件最少 40mm，并且要注意不能浸没电极夹头。

（6）加工中产生的气体不能停留在工件、电极、油杯的中空部分，以免火花点燃引起爆炸（即抽油真空度不能过高，冲油时不能带气泡）。

8.4.3　触电危险

在机床工作时，电极是带电的，触摸电极会有被电击的危险，而同时接触机床机架部分又有引起短路的可能，这是要绝对避免的。在机床开始工作前，所有的保护罩和盖板必须安装到位，加工一开始就要装上所有的防护罩，以防止任何危险的接触。加工中严禁触摸电极。所有的保护系统不能随意设置成无效。在机床检修保养后，开机前保护装置必须复位。

复习思考题

8.1　电火花加工过程中机床对操作人员存在哪些安全隐患？

8.2　简述电火花加工过程中应采取的安全技术规程。

8.3　怎样保养 FORM20 机床？

第8章 FORM 20 电火花机床

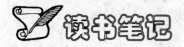
读书笔记

第 9 章 工艺参数设定

> **主要内容:**
> - 机床操作面板按钮功能介绍。
> - 脉冲电源参数设定。

本章主要介绍 FOEM 20 电火花机床面板按钮的功能,各参数的含义及设定方法,为后续机床操作作准备。

9.1 操作面板

FORM 20 机床的操作面板如图 9-1 所示。

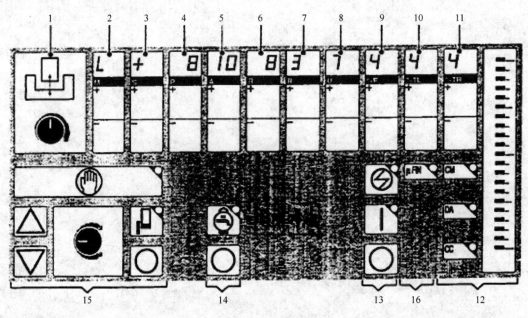

图 9-1 操作面板

1—伺服调节;2—工作模式;3—电极极性;4—峰值电流;5—脉宽;6—停歇;7—抬刀时间;8—两次抬刀间加工时间;9—保护参数设定;10—保护参数设定;11—保护参数设定;12—加工状态显示;13—放电加工模式控制键;14—油泵;15—手动方式;16—微精加工模式显示

9.2 脉冲电源设定

9.2.1 伺服控制

端面加工间隙调整伺服按钮如图 9-2 所示,顺时针旋转伺服旋钮,端面加工间隙减小,加工电流增加,但不影响侧向间隙。注意:

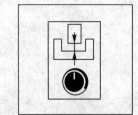

图 9-2 端面加工间隙调整

第 9 章 工艺参数设定

如调节过度，端面加工间隙过小，仅仅增加了短路电流，会影响电极损耗。加工间隙与加工速度的关系如图 9-3 所示。

按"加工状态显示"，伺服调节到最佳时，主轴进给平稳，还可以听到连续而有规律的放电声。

9.2.2 工作模式（M）

用于选择脉冲电源的放电性质，以及进入规定的工作模式。现有的模式如下：

E——放电检查（维修人员专用）；
L——常规加工；
P——参数设定。

按 M 号下的"+"和"－"键可以选择所需模式。

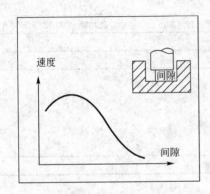

图 9-3 速度与间隙的关系

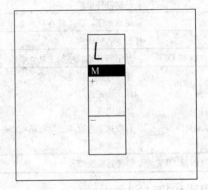

图 9-4 工作模式设定

（1）常规加工模式（L）

该模式下仅有标准脉冲电源工作。系统有记忆功能，开机后可显示上一次输入的参数，当然操作者也可以随时修改。如图 9-4 所示。

（2）参数设定模式（P）

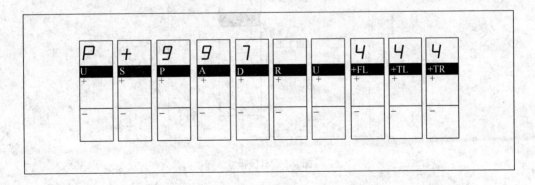

图 9-5 参数设定

在该模式下，按上图 9-5 可设定脉冲电源的一些指定功能。在 P 模式下，首先显示"t"功能；而其他功能可由 P 显示码下的"+"和"－"键来选择。为了给相应功能置数，可以用%F；%TL；%TR 之类键。在显示板上可给出功能代码和所置数字，见表 9-1。

表 9-1 功能代码设置

功能	选择	定义和说明
t		放电加工时间显示。（事后记录） 按%F 的 "t" 键，时间清零
d		设定时间延时，用于精加工抛光，尺寸超深设置，用时间来控制加工的结束。即：延时到，显示为零，加工自动停止。 如延时设置为零，就是该功能无效。时间延时可用 R，U，%TL，%TR 下的相应数字键来设置，前两位表示"时"，后两位表示"分"。当置入延时新值后，原值消失，并在重新放电后，开始起算
tA	1 或 1.5	脉宽 A 和停歇 B 的倍率
tb	1 或 1.5	脉宽 A 和停歇 B 的倍率
FASt	ON 或 OFF	Z 轴高速。在困难加工状态下，使用 OFF。例如：端面的小间隙大面积加工
AttA	ON 或 OFF	在每次加工开始时拉大脉冲停歇时间，以降低放电频率。若 B 显示码闪烁，表示脉冲电源不在显示的脉冲停歇值下工作
StAt		定点加工。在工件与电极之间无有效电流几秒，加工自动停止。此功能 FORM20 机床不配置
SOFT		显示软件版本
PUMP	ON 或 OFF	开泵和开始放电加工功能联动
SCALE	St I AU U	指定柱形光标显示内容 加工稳定性 加工电流 有效加工电流（去除短路电流后值） 平均电压
rA	ON 或 OFF	检测首发放点

9.2.3 电极极性（S）

按工艺文件要求，选择加工中电极的极性。按 "+" 或 "−" 来选择变换电极的极性。选 "+" 时表示电极是正极。如图 9-6 所示。

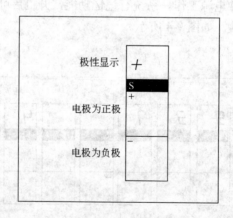

图 9-6 电极极性

9.2.4 峰值电流（P）

峰值电流（P）选择档见表 9-2。

如果选择更高的峰值电流，而脉宽（A）保持不变，材料蚀除速度会加快，但要注意此时放电间隙和表面粗糙度也增加了。峰值电流与加工速度、表面粗糙度的关系见图 9-7。

表 9-2 峰值电流设置

P 分档值	0.5	1	2	3	4	5	6	7	8	9	10	11	12	13
峰值电流/A	0.5	1	1.5	2	3	4	6	8	12	16	24	32	48	64

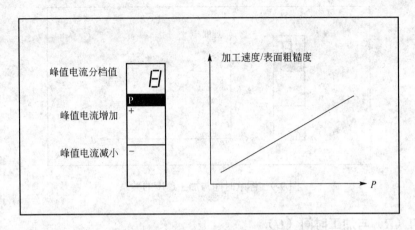

图 9-7 峰值电流与加工速度/表面粗糙度的关系

9.2.5 脉宽（A）

脉宽（A）分档值见表 9-3。

如果加大脉宽，而峰值电流不变，材料蚀除速度会加快。到达最佳值后，再下降。要注意：此时放电间隙和表面粗糙度也增加了，但电极损耗会降低。见图 9-8。

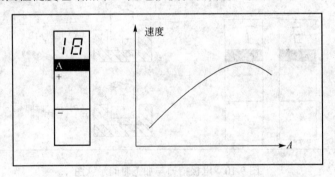

图 9-8 脉宽与加工速度的关系

表 9-3 脉冲分档值与脉宽

A 分档值	1	2	3	4	5	6	7	8	9	10	11	12	13
脉宽/μs	0.8	1.6	3.2	6.4	12.8	25	50	100	200	400	800	1600	3200

9.2.6 停歇（B）

停歇（B）选择档见表 9-4。减少两次脉冲放电之间的停歇时间会提高材料蚀除速度，而不改变加工表面粗糙度。

但 B 值与 A 值之差应在 3 到 4 档之间，否则会出现频繁短路，加工不稳定，加工效率下降，电极损耗加大。见图 9-9 所示。

表 9-4 停歇时间 B 分档值与停歇时间

B 分档值	1	2	3	4	5	6	7	8	9	10	11	12
停歇时间/μs	0.8	1.6	3.2	6.4	12.8	25	50	100	200	400	800	1600

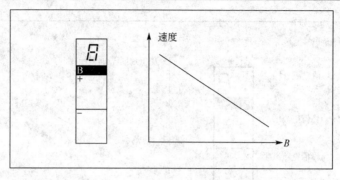

图 9-9 停歇时间与加工速度的关系

9.2.7 抬刀（R）与加工时间（U）

抬刀和加工见图 9-10。选择档见表 9-5。

表 9-5 抬刀分档值与抬刀、加工时间

抬刀分档值	OFF	1	2	3	4	5	6	7	8
R/s	0.05	0.05	0.1	0.15	0.2	0.3	0.4	0.5	0.75
U/s	连续加工	0.1	0.2	0.4	0.8	1.6	3.2	6.4	12.8

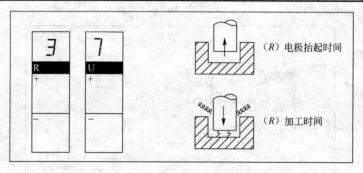

图 9-10 电极抬刀与加工时间示意图

抬刀有三种模式：按操作者对 R 和 U 值选择的不同，可由脉冲电源自动请求其中之一的抬刀模式。见表 9-6。

表 9-6 抬刀模式

模式	R	U	抬刀请求
1	OFF	OFF	连续加工，出现异常脉冲电源请求以 Roff=0.05 s 抬刀
2	1~8	OFF	连续加工，出现异常以 R 值抬刀
3	1~8	1~8	按给定 R 和 U 值的固定抬刀

9.2.8 保护系统参数选择 %F、%TL、%TR

%F：表示拉宽系列脉冲大停歇动作前，允许的不正常放电比例。

%TL：表示延长抬刀时间动作前，允许的最长大停歇比例。

%TR：表示在自动停止加工前，允许的最大抬刀高度比例。

一般由于排屑困难或冲洗方式使用失当，所导致的短时间放电不正常，使加工效率下降，甚至造成电极和工件的损坏。程序动作的保护系统自动运行就可避免上述情况发生。其工作程序如下：

（1）当异常放电比例（F）达到设定值，系统自动拉宽系列脉冲的大停歇时间（TL）；

（2）当TL值增加达到设定值，工况还不改善，系统自动逐渐加大抬刀的时间TR（也即抬刀高度）；

（3）当TR值增加到设定值，工况还不改善，系统自动停止加工。见图9-11所示。

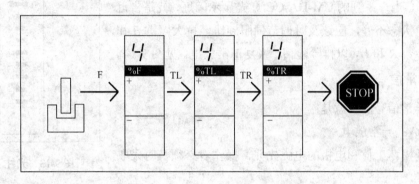

图 9-11 保护策略示意图

保护策略参数设置见表9-7。

表 9-7 保护策略参数设置

%F	%TL	%TR	保护程度
1	1	1	最灵敏
4	4	4	正常灵敏度
8	8	8	不灵敏
1到8	1到8	off	没有自动停止加工功能
1到8	off	off	没有加大抬刀及自动停止加工功能
off	off	off	无保护

9.2.9 选择放电加工键

进入加工状态时使用。见图9-12。

9.2.10 加工状态

有四种柱形光标显示：

St——加工稳定性；

I——加工电流；

AU——有效加工电流；

U——平均电压。

在精加工时常用St，因为此时稳定性是主要的。粗加工常用

图 9-12 放电加工按钮

AU，以避免间隙压得太小，短路电流太多，实际加工速度反而下降，电极损耗也会加大。有经验的操作者一般用 U 就可以了。根据柱标显示，操作者可以判断出加工状态，及时修改参数，使加工状况一直保持稳定。见图 9-13。

四种光柱的选择：

按 M+键选出 P 防式；

按 P+键可逐个显示四种光标，以选定其中一个。

电蚀产物的堆积会造成加工不稳定，甚至出现所不希望的破坏性电弧。当一系列的 CM-DA-CC 灯光显示闪烁，就是告诉操作者放电状态不好，应该及时调节伺服旋钮，拉大停歇 B 和改变抬刀参数 R 和 U，以排除险情，恢复正常放电。见图 9-14。

9.2.11 异常信号

三种异常信号的含意是：

（1）DA：异常放电

可能是损坏工件和电极的电弧先兆，操作者必须及时采取校正措施。

（2）CC：短路

短路会造成加工不稳定，操作者应调节伺服旋钮，放大端面放电间隙，达到最佳值，此时加工效率最高。

（3）CM：间隙污染

工作液中的杂质和电蚀颗粒部分堵塞加工间隙，造成加工不稳定。这会造成被加工件的表面不良（部分凹陷、变糙等），并导致异常放电。图 9-15 供操作者参考，按 CM、DA、CC 各指示灯的情况调节相应功能，使加工状态得以改善。

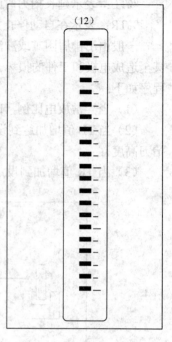

图 9-13　光柱表显示

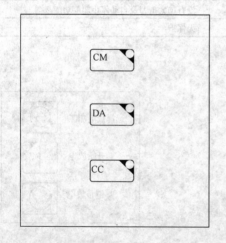

图 9-14　加工异常信号显示

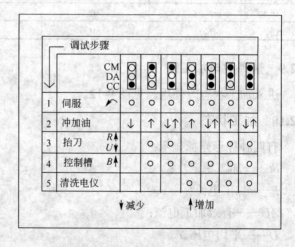

图 9-15　出现异常时的调节步骤

复习思考题

9.1 怎样设定脉冲电源参数?
9.2 简述三种信号灯（DA、CC、CM）的含义。
9.3 简述三个保护系统参数%F、%TL、%TR 的含义。

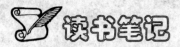

第 10 章　工作液冲洗方式

>>> 主要内容：
- 工作液冲洗方式。
- 工作液系统的操作。

本章主要介绍工作液的冲洗方式、各种冲洗方法的适用场合以及工作液系统的操作，为加工时能获得较好的加工效果作准备。

10.1　冲洗

冲洗是指利用工作液在电极和工件之间的流动以带走电蚀产物，这对稳定加工非常重要。冲洗应充分考虑加工类型，电极和工件的状况；所采用的放电规准，以求达到最佳效果。为了能更好地理解，将分析一下在不合适的冲洗条件，放电间隙中将出现什么情况。在加工开始，工作液是很清的，即铁屑和工作液在放电后分解出来的炭黑很少。当然清洁的工作液绝缘强度要比放过电的工作液要高，不言而喻工作液有一点蚀除物是有利于放电的，特别是粗加工效率会高些。但是粒子的浓度过高，火花间隙的某个局部绝缘强度过低，会出现异常放电，起弧，造成电极和工件的损坏。所以必须排除过多的颗粒，间隙内的冲洗就成为电火花加工中的一个重要功能。

冲洗切忌过强或过弱，调节合适，维持一定的粒子浓度可能得到最好的加工效果。冲洗过弱，不利于加工时电蚀产物的排出；冲洗过强，不利于间隙中工作液被电离，快速形成放电通道。

冲洗方式有很多种，有混合冲洗（抬刀）、冲油、抽油、侧冲、组合冲洗等方式，可按加工需要选一个最合适的冲洗方式来用，以达到最佳的加工效果。以下是一些常用的冲洗方式，可供在实际操作中选用。

10.1.1　混合冲洗（抬刀）

混合冲洗（抬刀）方法就是借助于电极的上下抬刀运动来实现排屑。当电极回退时，间隙加大，间隙内产生瞬间负压，清洁的工作液被吸入，冲淡了原来间隙内污染的工作液，然后，电极下降时间隙内压力增大，有一部分颗粒被挤出去，重新建立了较好的放电状态。

选择和控制好抬刀参数（R）和（U），可以获得最佳加工效果。

混合冲洗（抬刀）的排屑效果显著，常用于深度不是很大的一般零件的电火花加工中，也可以加工很深的型腔而不需要强烈冲洗，是一种最常用的冲洗方式。

10.1.2　冲油

冲油是指采用一定的方式将工作液直接对准放电间隙进行冲洗而带走电蚀产物的方法。采用冲油时，工作液可以从工件下的油杯中冲出，也可以通过电极上的孔冲出。所以，要用冲油法冲洗，工件上一定要有预钻孔，并且要装在油杯上，油杯上要有相应的通孔，以利冲油的顺利进行；或者电极上打有通孔，这样才能接通油路。

冲油加工时，用直边电极会加工出有少许斜度的侧壁，这是由于颗粒冲出时经过电极侧面，使电极侧面的间隙中的工作液的绝缘度下降，产生二次放电所造成的。见图10-1。故冲油经常用于有一定斜度的场合。例如形成冲模的落料斜度，塑料模的脱模斜度等。对于不需要有斜度的工件，要避免使用冲油。

 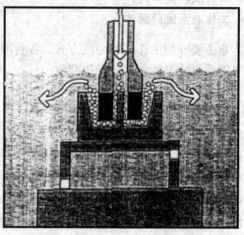

图 10-1　冲油示意图

10.1.3　抽油

采用抽油时，工作液可以从工件下的油杯或通过电极上的孔抽走。这和冲油类似，但加工效果却大不一样，因为颗粒不经过已加工表面。当精加工时端面间隙很小，如抽吸过大会造成短路。加工很不稳定。故抽吸压力不应大于 0.5~0.7kgf/cm² （0.049~0.0686MPa）；而且过大的抽油负压还会使电极变形或工件移动。见图10-2。

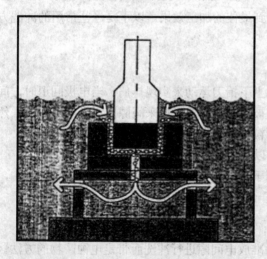 

图 10-2　抽油示意图

10.1.4 侧冲

当无法通过电极或型腔的预孔冲、抽油时,只能采用侧冲。这种情况如加工金属成型压模,在塑料注射模上加工窄缝等。侧冲使用各种喷嘴或喷管,要仔细调整其安装的位置和角度,以保证整个型面有完整而没有死角的冲刷。

侧冲时,通常可配合抬刀。当电极抬起时会有足够多的工作液通过加工间隙。在加工像章类压印模时,工作液喷嘴的角度应调整到有充分的工作液进入加工间隙。有一定长度的深窄槽加工时,工作液流冲洗应处于长边一侧,冲油方向力求平行电极平面向下直冲,清洁的液流可达窄槽底部,而薄片电极的弯曲变形才能最小。见图 10-3。

10.1.5 组合冲洗

同时采用冲油和抽油,这在复杂型面加工时经常使用。抽吸工件凸起型面部分积聚的气体和铁末,并在其他部分给予适当的补油,以加大间隙内的工作液流量,从而避免死区。见图 10-4。

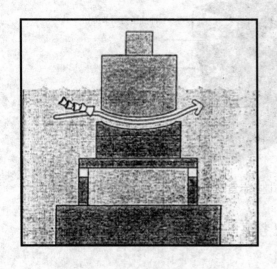

图 10-3 侧冲示意图

图 10-4 组合冲洗示意图

10.1.6 冲洗压力调整

冲洗压力可在工作液槽上的压力表上读出。当使用紫铜电极时,连续冲油的冲油压力要适当控制,超过 $0.05 kgf/cm^2$($4.9kPa$)将会加大电极损耗。使用石墨电极时冲油压力可稍高一些。因冲抽油不影响电极损耗。

在使用比较薄弱的电极时,必须控制好冲洗压力,以防止电极变形和振动,保持加工稳定。

10.2 工作液系统的操作

10.2.1 工作液系统的启动

(1)在操作面板上启动泵。见图 10-5。
(2)将上油阀手柄打平,全开口即快速上油。见图 10-6。

(3) 上油后将上油阀打在中间位置,此时抽油阀处于关闭状态,调节冲油阀,从压力表上可看到最大冲油压力。

(4) 关闭冲油阀,打开抽油阀,从真空表上可看到抽油压力。

(5) 使用冲抽油联合工作方式时,冲抽油压力都处于中间值。

10.2.2 工作液系统的停止

(1) 在操作面板上关闭油泵;

(2) 提起放油阀门;

在启动油泵前一定要把工作液槽门关好。

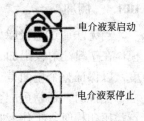

图 10-5 工作液泵启动按钮

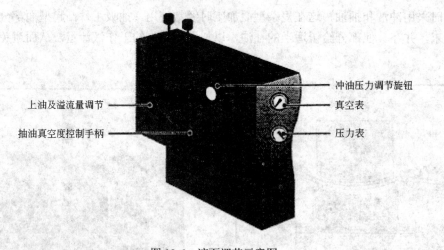

图 10-6 液面调节示意图

复习思考题

10.1 冲洗的目的是什么?

10.2 冲洗方式有哪些?

10.3 采用什么冲洗方法时会产生二次放电?怎样避免或利用二次放电?

第10章 工作液冲洗方式

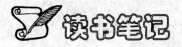

第 11 章 机床操作过程

> **▶▶▶ 主要内容:**
> - 开机。
> - 电极和工件的安装与校正。
> - 找正方法。
> - 上油及选定冲洗方式。
> - 加工参数设定。
> - 加工启动。

本章介绍机床加工的完整操作过程,包括开机、工具及工件的装夹与校正、设定加工参数、上油、选定冲洗方式、指挥机床开始加工等。

11.1 开机

确认机床的状态和机床操作程序。应仔细阅读"规准设定"有关章节。按如下步骤给机床送电开机。

(1) 设定主回路断路器在 ON 位置;

(2) 主令开关在"|"位置。见图 11-1。此时,控制面板显示上次使用的加工规准,"加工模式"有效。如加工规准对本次加工不合适,则可按 M 号下的"+"和"-"键来选择参数设定模式 P,将正确的加工规准参数输入。输完后按 M 号下的"+"和"-"键返回加工模式。

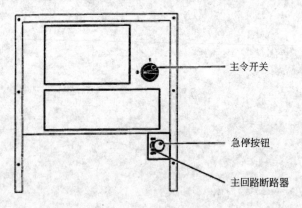

图 11-1 开机按钮示意图

11.2 电极的安装和校正

目的是把电极牢固地装夹在主轴的电极夹具上,并保证电极轴线与主轴进给轴线一致,使电极与工件垂直。有以下几种常见的装夹方法，如图 11-2 所示。

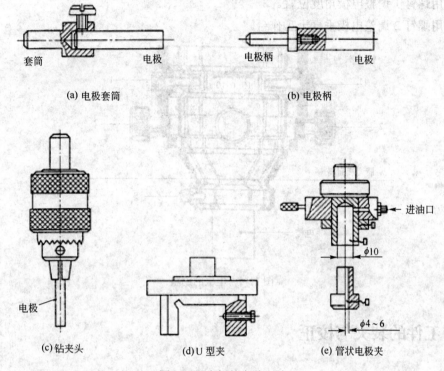

图 11-2　电极的安装方法

电极装夹时应注意如下几点：

（1）电极与夹具的接触面应保持清洁，接触良好，并保持滑动部位灵活。

（2）在紧固时，要注意电极的变形，不要用力过大，特别对小型电极，应防止弯曲，螺钉的松紧应以牢固为准，不能用力过大或过小。

（3）在电极装夹前，还要注意被加工件的图纸要求，电极的位置和角度，所使用的电极柄与电极是否影响加工深度。

（4）电极体积较大时，应考虑电极夹具的强度和位置，防止由于安装不牢，在加工过程中产生松动，或者由于冲油反作用力，造成电极位移，给加工带来麻烦。

校正是使工具电极轴心线严格与工作台面垂直。

在校正之前，一般在电极装夹完后，首先调整电极的角度和轴心线，使其大概垂直于工作台面或被加工件，然后进行电极的校正工作。校正的工具主要是角尺和百分表等。

常用如下几种校正和找正方法：

（1）当电极直壁面较长时，可用精密角尺对光校正或百分表校正，如图 11-3。

（2）利用电极或电极的上固定板端面作辅助基准来校正电极，这时使用百分表检验电极与工作台面的平行度。操作方法（如图 11-4）如下：

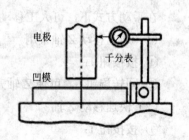

图 11-3　电极的校正

① 用螺钉3装卸电极。
② 用螺钉1调整电极角度位置。
③ 用螺钉2调整电极垂直于工作台。

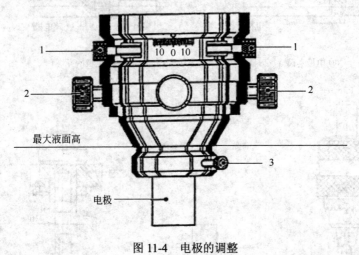

图11-4 电极的调整

11.3 工件的装夹与校正

一般情况工件可直接安放在垫板、垫块或工作台面上，用压板压紧。若工件型腔中有通孔，则工件可放在油杯上，再用压板压紧，这样在加工过程中能用下冲油排屑。工件在安装前，应将工作台面、垫板、垫块、油杯盖及工件安装面都擦拭干净，有的还要用油石擦光，这样能确保工件底面与工作台面的良好接触。

校正是要将工件中心线（或侧面基准面）校正到与机床十字拖板移动的轴线相平行。借助于百分表等工量具。

11.4 工件与电极位置找正

11.4.1 手动方式

在手动方式下，可人工移动 Z 轴，但没有脉冲放电。见图11-5。

（1）通常移动 Z 轴采用

① 按按钮1；

② 回转旋钮6，可使 Z 轴升降。

（2）快速移动 Z 轴

① 按按钮1；

② 分别按按钮2和3。

（3）具有电接触感知功能的 Z 轴移动

按按钮4，信号灯亮，电接触感知有效。此时，电极向工件趋近，稍一接触，加工状态信号灯全亮，Z轴停止进给。

(4) 恢复Z轴动作

① 按按钮5，使电接触感知失效。

② 按按钮2，脱离接触。

③ 可再按按钮4，恢复电接触感知功能。

如果按钮4处信号灯不亮，接触感知无效，电极趋向工件接触后，Z轴会继续进给。

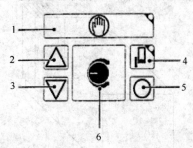

图 11-5 手动方式选择

①—选择手动方式；②—Z轴快速回升；③—Z轴快速下降；④—电接触感知有效；
⑤—电接触感知无效；⑥—Z轴速度微调，悬停调整

11.4.2 端面找正

端面找正可按如下步骤进行：

(1) 在面板上设定手动模式。

(2) 检查一下是否接触感知有效。

(3) Z轴进给先快后慢。

(4) 当电极和工件接触后Z轴停止。

(5) Z坐标置零。

(6) 设置加工深度。

(7) 在手动模式下回退Z轴（即取消接触感知后抬起Z轴）见图11-6。

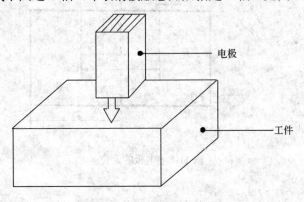

图 11-6 端面找正示意图

11.4.3 侧面找正

(1) 选择手动模式。

(2) 检查一下是否接触感知有效。

（3）电极应移到工件要找正的边一侧。
（4）先快后慢移动坐标趋向工件，直到轻微接触。
（5）此时，加工状态显示全亮。
（6）坐标置零。
（7）移动电极到达要求位置，注意要留出单边加工间隙值。
侧面找正示意图见图 11-7。

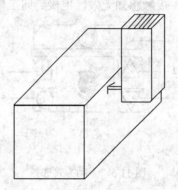

图 11-7 侧面找正示意图

注意：如果使用多个电极，对每一个电极都应重复上述操作程序。原则上是：
① 用第一个电极找正端面和侧面，则用第一个电极加工。
② 用第二个电极找正端面和侧面，则用第二个电极加工。
③ 用第三个电极找正端面和侧面，则用第三个电极加工。
见图 11-8。

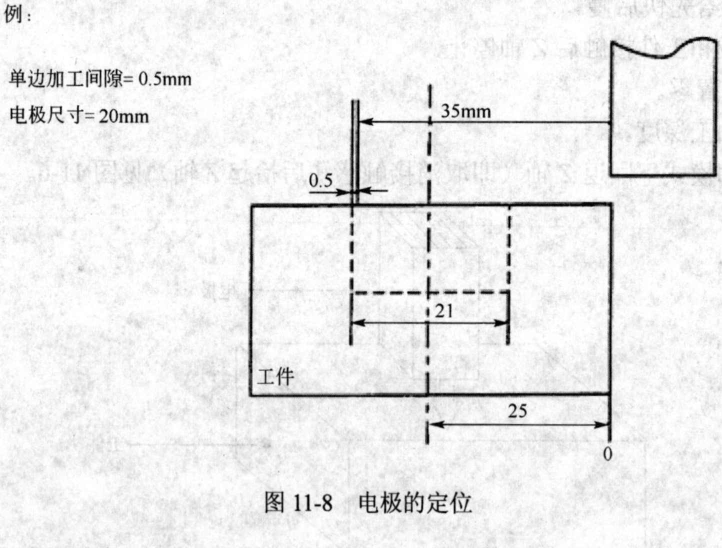

例：
单边加工间隙= 0.5mm
电极尺寸= 20mm
35mm
0.5
21
工件
25
0

图 11-8 电极的定位

11.5 上油及液面调节

11.5.1 上油

（1）检查工作液槽门是否已关闭并锁紧。

(2) 放油阀门已落下（回油管封闭）。

(3) 调节液面闸板到达适当高度，旋转螺母锁定。工件必须浸没在工作液液面下最少40mm。

(4) 全打开上油阀。

(5) 按面板上的泵启动按钮，开泵。

(6) 在到达要求液面后，调节上油阀控制溢流量，液面应高出闸板1cm。

注意：液面浸没线不能超过电极夹头规定极限。见图11-9。

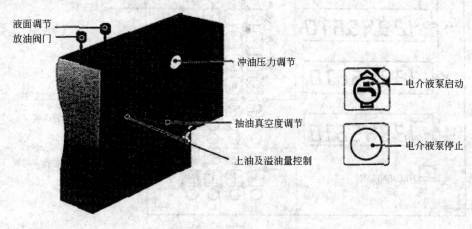

图11-9 液面调节示意图

11.5.2 放油

(1) 按面板上的泵停止按钮，关泵。

(2) 将放油闸板拉起并锁定在最大高度。

11.6 数显表参数设定

11.6.1 HEIDENHAIN 数显表的介绍

机床加工参数的设定，除了在第9章中提到的一些电加工规准参数外，还有一些机床控制参数的设定，如加工深度、回退高度等参数。VRZ670E 型 HEIDENHAIN 数显表是专门为电火花加工设计的。其界面如图11-10所示。它的基本功能如下：

(1) 控制 Z 轴的加工深度。

(2) 显示 Z 轴在加工中的最低位置。

（由于加工中 Z 轴不断地进给和回升，故最好仅显示最低位置。）

(3) 用修改键很容易改变加工深度。

(4) 很简单的方法给出两平面的中间位置。

11.6.2 数显仪开机

机床开机后数显仪同时被开机。刚开机时，轴参数显示闪烁。按 REF 键一次，则显示上次坐标值，但小数点仍闪烁，当移动坐标越过光栅尺基准标记时，会恢复已设定的最后一个基准点位置。如果不希望恢复原点，可将 REF 键再按一次。

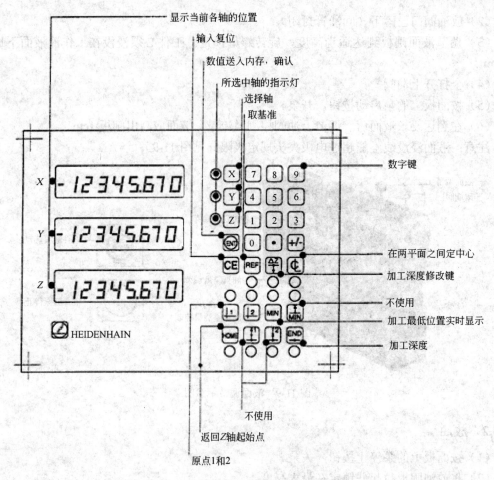

图 11-10 显示界面

11.6.3 设定基准点

VRZ670E 有两个基准点。

按 [1] 或 [2] 键能显示相对第一或第二原点的实际的位置值。

设定基准值是按相应的 X、Y 或 Z 键并输入相应数字。

11.6.4 定中心

该功能用于确定两平行平面之间的中心线。见图 11-11。

操作程序：

（1）按 [C] 键，该处指示灯亮。

① 第一次对刀后，用 ENT 键确认（此时指示灯闪烁）。

② 在另一平面第二次对刀后，同样用 ENT 键确认。

③ 当第二次对刀确认后，立即计算中心线位置，并定为坐标原点。

（2）第二次对刀位置相对新的坐标原点的坐标值立即显示，定心功能结束（指示灯熄灭）。

（3）该功能始终对所选用的轴起作用（即使进行了第一次对刀仍然可以改变）。

（4）再按一下 [C] 键，就可退出该功能。

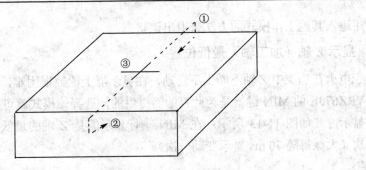

图 11-11 确定两平行平面之间的中心线

11.6.5 设置加工深度

加工深度（最终尺寸）可按下述步骤进行设定：
(1) 按 END 键；
(2) 输入加工深度；
(3) 按+/-键进入"-"号；
(4) 按 ENT 键加以确认；
(5) 工作液槽上油，进行模拟加工，当 Z 轴进给到设定深度后，回退。

11.6.6 校正键 ΔZ

ΔZ 键按下后，作用于 Y 轴显示屏，此时即可用数字键输入加工深度的校正值。用 ENT 键加以确认后，校正值即存入内存贮存器中，此值前面还会自动加上一"-"号，成为一个新的加工深度转换点。如果没有数据输入，就用所显示的值来计算。

可再次按 ΔZ 键来退出该状态，也可以直接按其他功能键进入新的功能状态。例：要得到深度为 20mm 的型腔，加工时必须考虑加工间隙，此时就应键入校正值。见图 11-12 所示。

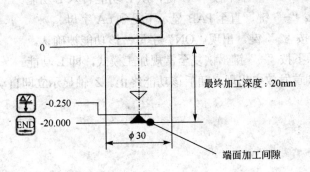

因输入-0.25, 故主轴最终到达-19.75mm

图 11-12 计算加工深度校正值

11.6.7 HOME 键

加工完成后 Z 轴回退到原点（HOME 位置），即规定 Z 轴在 HOME 线以下开始进行加工，否则加工后 Z 轴回升会到达 Z 轴的上限。当按下 HOME 键时，当前有效的 HOME 点值将显示在 Y 轴显示处。此时新值可用数字键输入。输入值随后用 ENT 键确认。可再按一下 HOME

键或者用进入其他工作模式的方法来退出该状态。

11.6.8 显示 Z 轴（加工轴）最低位置

由于电火花加工中 Z 轴不断上下运动，在显示屏上读数很困难，很难判断还有多少加工余量。VRZ670E 的 MIN 键就是为此目的而提供的，选择该模式就可以专门显示 Z 轴的最低位置。显示方式如图 11-13 所示：在 MIN 一行显示的是 Z 轴的最低位置。该显示每隔 5ms 计算一次（大概每隔 70 ms 显示变动一次）。

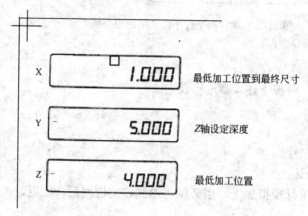

图 11-13 坐标轴显示

11.6.9 探测首发放电

可用确定参数 r.A 是否有效来确定。
操作过程：
（1）在操作面板上"M"显示下按"-"键，从 L 功能转入 P 功能。
（2）在 P 显示下按"-"键，直至 PAB 显示下见到 r.A 字母。
（3）在%F 显示下按"-"键，出现"ON"字母，该功能被确认。
（4）在"M"显示下按"+"键，恢复至常规加工模式，即 L 功能。

该显示一直闪烁到首发放电出现，随后该功能终止。Z 轴显示立即自动设定为"0"，参数 r.A 变成"OFF"。

11.7 加工启动

加工启动可按以下步骤进行：
（1）控制面板显示的是使用的加工规准，"加工模式"有效。
（2）工件安装正确，可以直接放在工作台上，垫块上或在油杯上。找正工件并压牢。保证工件和工作台良好接触，导电。保证两者结合面干净，无毛刺。
（3）安装电极和找正电极。电极一定要去净毛刺。
（4）在"手动模式"接触感知有效状态下，找正电极与工件相对位置。见图 11-14。
（5）电极到位置后，应锁紧 X 和 Y 轴坐标。
（6）在"手动模式"接触感知有效状态下，用 Z 轴速度调节旋钮找 0，使电极停在工件工端面。见图 11-15。

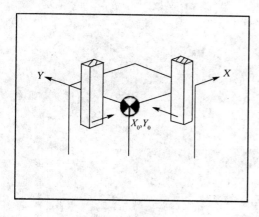

图 11-14 侧面找正

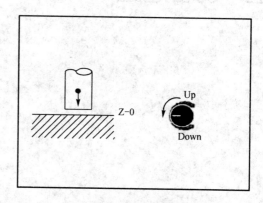

图 11-15 端面找正

（7）按 END 键，输入加工深度；按+/-键进入"-"号，按 ENT 键加以确认。

（8）向上移动 Z 轴 10 mm，电极和工件脱开。设定伺服旋钮在中间位置，以防止接通脉冲电源后快速下冲。

（9）固定冲油喷嘴的位置，选好冲洗方式。

（10）关闭工作液槽门。

（11）开泵上油。

调节液面闸板使液面高出放电部位 40 mm 以上。

注意：液面闸板到位后，转动手柄锁牢。并调节上油阀要保证有一定的溢油量。保持工作液槽内油温不致过高。

（12）在控制面板 M 标志下选定"常规模式"L，设定加工规准。

（13）设定到"加工模式"。

（14）开始放电加工。

（15）依据"加工状态显示"不断改善加工状态。注意：在开始放电时，稍稍加大 B 停歇时间，有利于稳定放电。

（16）当到尺寸后，加工自动停止，Z 轴回升。

复习思考题

11.1 电极装夹时应注意哪些因素？

11.2 简述电极校正的方法。

11.3 简述工件的装夹方法。

11.4 简述端面找正的方法。

11.5 简述侧面找正的方法。

11.6 怎样设置加工深度（END）？

11.7 怎样设置回退高度（HOME）？

11.8 怎样使用 ΔZ 键使原设置 Z 轴下降深度 30mm 改为 28.5mm？

11.9 怎样用 ⌀ 键来定坯料的中心？

第 12 章　应用及工艺

> **主要内容:**
> - 工艺图表解读。
> - 通过加工实例介绍工艺参数的产生方法。

本章主要介绍 FORM20 成套工艺参数的产生方法,使学员能利用图表产生各种加工条件下的加工工艺参数。

12.1　工艺规准确定

12.1.1　工艺图表用专业术语

FORM20 的成套工艺参数是按照电火花成形机实际需要提供的。本章提供的这套数据以图表形式表示,并根据这套数据产生电火花加工工艺规准。
图表中涉及以下名词代码:

CH——按 VDI3400 标准给出的表面粗糙度;
CHe——粗加工后的表面粗糙度;
CHf——精加工后的表面粗糙度;
CHt——交换电极时的表面粗糙度;
Ee——粗加工电极;
Ef——精加工电极;
↓Down——没有平动的成形加工;
Sf——端面加工面积,cm^2;
St——包括侧面的总加工面积,cm^2;
SDR——电极单边收缩量。

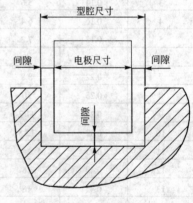

图 12-1　加工间隙

12.1.2　加工间隙

加工间隙是指放电后电极表面到工件被加工表面之间的距离(见图 12-1)。即:型腔尺寸等于电极尺寸加两倍的加工间隙;加工间隙也是电极的单边收缩量。有两种加工间隙:

(1) 极限间隙,是指电极表面到放电凹坑坑底之间的距离。即放电能量达到的极限。实际上还要加上一定的安全系数,以避免精加工后还有少许凹坑留下来。见图 12-2。

(2) 最终间隙,也叫做测量间隙。在用卡尺测量型腔尺寸时,仅能取相对表面放电凹坑高点之间的尺寸,它和电极尺寸之差的一半,即最终间隙。见图 12-3。

12.1.3　表面粗糙度(*CH/Ra*)

表面粗糙度用表面轮廓仪检测经验表明,用人的视觉和触觉以样板比较法来测定表面粗糙度,其误差不超过 *CH*2 级。表面粗糙度标准 *Ra*{欧洲,亚洲}=*CLA*(英国)=*AA*(美国)。

FORM2 工艺文件中的表面粗糙度采用 VDI3400 标准的 *CH* 值来表示。表 12-1 是 *CH* 值和 *Ra* 值的对照表。

图 12-2 极限间隙　　　　　　　　　　　图 12-3 最终间隙

表 12-1 表面粗糙度 *CH* 值与 *Ra* 值对照表

VDI3400 *CH*	*Ra*=CLA=AA μm	μinch	级 ISO 1302	VDI3400 *CH*	*Ra*=CLA=AA μm	μinch	级 ISO 1302
0	0.10	4	N3	23	1.40	56	
1	0.11	4.4		24	1.62	63	
2	0.12	4.8		25	1.80	72	N7
3	0.14	5.6		26	2.00	80	
4	0.16	6.4		27	2.2	88	
5	0.18	7.2	N4	28	2.5	100	
6	0.20	8		29	2.8	112	
7	0.22	8.8		30	3.2	125	N8
8	0.25	10		31	3.5	140	
9	0.28	11.2		32	4.0	160	
10	0.32	12.8		33	4.5	180	
11	0.35	14	N5	34	5.0	200	
12	0.40	16		35	5.6	224	
13	0.45	18		36	6.3	250	N9
14	0.50	20		37	7	280	
15	0.56	22.4		38	8	320	
16	0.63	25.2		39	9	360	
17	0.70	28		40	10	400	
18	0.80	32	N6	41	11.2	448	
19	0.90	36		42	12.6	500	N10
20	1.00	40		43	14	560	
21	1.12	44.8		44	16	640	
22	1.26	50.4		45	18	760	

12.1.4 最大电流密度

每种材料都有它能通过的电流密度的物理极限,为了防止电极的损坏,必须按其加工的端面面积和极限电流密度来限定其最大加工电流。电流密度的限制为:

紫铜电极最高为 $15A/cm^2$;

石墨电极最高为 20A/cm²。

12.1.5 端面积（*Sf*）

放电加工的端面积,是指该瞬间在加工方向上放电的电极轮廓的投影面积,用 cm² 表示,如图 12-4 所示。

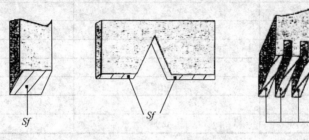

图 12-4 端面积

12.1.6 最大加工规准（*CHe*）

操作者按不同的电极材料及端面积在表 12-2 及表 12-3 中可选出合适的加工规准,同样的端面积按不同的加工要求,可有三种选择:

(1) 速度优先——加工速度快但电极损耗大。
(2) 两者兼顾——加工速度一般但电极损耗不大。
(3) 损耗优先——加工速度慢但电极损耗极小。

表 12-2 铜电极加工钢

Sf/cm²	≥6	4	3	25	2	1.5	1	0.5	<0.5	
CHe	44	42	40	38	36	34	32	30	28	速度快
	44	42	40	38	36	34	32	30		两者兼顾
	44	44	42	40	38	36	34	32		损耗低

表 12-3 石墨电极加工钢

Sf/cm²	≥4	3	2.5	2	1	<0.5	
CHe	42	41	40	39	36	32	速度快
	43	42	41	40	37	33	两者兼顾
	44	43	42	41	38	34	损耗低

12.1.7 总放电加工面积（*St*）

总放电面积是电极整个放电面积的总和,包括端面、侧面、斜面,单位是 cm²。如图 12-5 所示。各电极总加工面积与最终表面粗糙度的关系见表 12-4 及表 12-5。

图 12-5 总放电面积

表 12-4　石墨电极加工钢

St/cm^2	CHf_{min}	$CHf_{recommended}$
$St \leqslant 5cm^2$	13	20
$5 < St \leqslant 10$	18	22
$10 < St \leqslant 20$	21	24
$20 < St \leqslant 30$	22	24
$30 < St \leqslant 50$	24	24
$50 < St \leqslant 100$	26	26
$100 < St \leqslant 300$	28	28
$300 < St \leqslant 500$	30	30
$500 < St \leqslant 1000$	32	32
$St > 1000$	34	34

表 12-5　铜电极加工钢

St/cm^2	CHf_{min}
$St < 40$	12
$40 < St \leqslant 75$	14
$75 < St \leqslant 100$	18
$100 < St \leqslant 300$	22
$300 < St \leqslant 500$	24
$500 < St \leqslant 1000$	26
$St > 1000$	30

12.1.8　电极的数量

为了型腔得到最好的表面粗糙度和保证好的几何形状，最好在开始精加工前更换电极。按表 12-6 可确定所需紫铜或石墨电极的数量。

表 12-6　电极数量的确定

电极数量	柱形电极
一	$CHe=CHf$
二	$CHe-CHf<16$ 和 $St<5cm^2$ 和 $CHf \geqslant 24$ 紫铜电极
三	$CHe-CHf>16$ 或 $St>5cm^2$ 或 $CHf<24$ 紫铜电极

在交换电极选用加工规准时，当使用三个电极时，粗加工电极用 CHe 规准，精加工电极用 CHf 规准，半精加工采用 CHt 规准。

$$CHt=(CHe+CHf)/2 \qquad (12-1)$$

式中　CHt——交换电极时的表面粗糙度；

　　　CHe——粗加工后的表面粗糙度；

　　　CHf——精加工后的表面粗糙度。

该公式适用于紫铜和石墨电极。当使用两个电极时，粗加工电极用 CHe 规准，精加工电极用 CHt 规准。

仅当使用两个柱形电极时，粗加工电极用 CHe 规准，精加工电极用 CHf 规准。

12.1.9 工艺图表

用这些图表可以决定：

（1）加工规准；

（2）加工间隙值和电极收缩量；

（3）电极损耗。

12.1.10 加工规准

图 12-6 用来确定两个基本参数 P 和 A 由相同的峰值电流 P 和不同的脉宽 A 组成一条功率曲线。所要求的 CHe、CHt 和 CHf 从图中可找到相应规准。

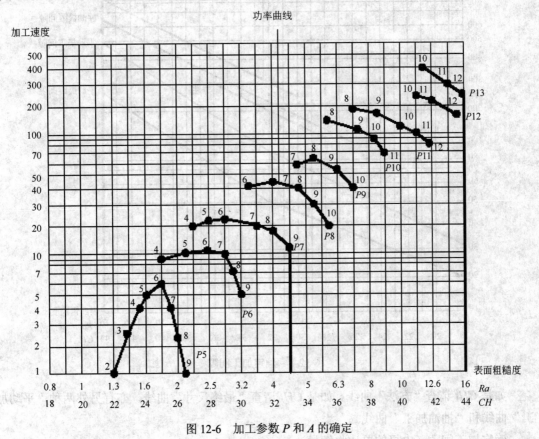

图 12-6 加工参数 P 和 A 的确定

图 12-7 功率曲线是由一个峰值电流 P 和若干脉宽 A 组成。

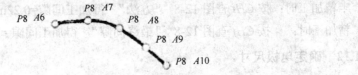

图 12-7 功率曲线

$CHf22$ 查图 12-6 得：峰值电流 $P=5$（分档值）

脉宽 $A=2$（分档值）

$CHf33$ 查图 12-6 得：峰值电流 $P=7$（分档值）

脉宽 $A=9$（分档值）

$CHf44$ 查图 12-6 得：峰值电流 $P=13$（分档值）

脉宽 $A=12$（分档值）

12.1.11 加工间隙值和电极收缩量

对应每一个规准可按图 12-8 查到一个加工间隙值。

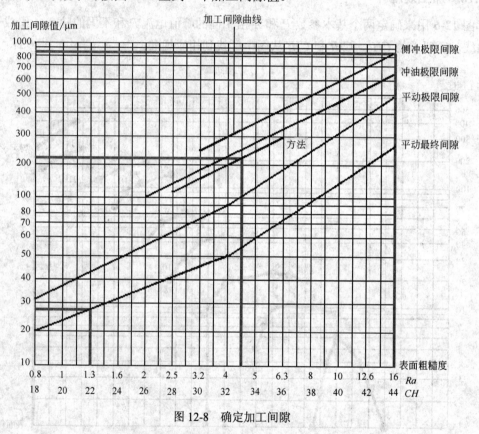

图 12-8 确定加工间隙

如是 CHt 请查"方法"曲线。如是 CHf 请查"最终尺寸"曲线，亦有另外两种"平动加工"曲线和"抽油加工"曲线。

确定加工间隙（电极的单边收缩量）：

粗加工时： 按 CHe 查图 12-8 "极限间隙"，得加工间隙=0.85mm

半精加工时：按 CHt 查图 12-8 "方法"，得加工间隙=0.22mm

精加工时： 按 CHf 查图 12-8 "最终间隙"，得加工间隙=0.028mm

12.1.12 确定电极尺寸

各加工阶段的加工间隙如图 12-9 所示。

电极 1 尺寸=型腔尺寸-（2×加工间隙）=20-2×0.85=18.300

电极 2 尺寸=型腔尺寸-（2×加工间隙）=20-2×0.22=19.560

电极 3 尺寸=型腔尺寸-（2×加工间隙）=20-2×0.028=19.944

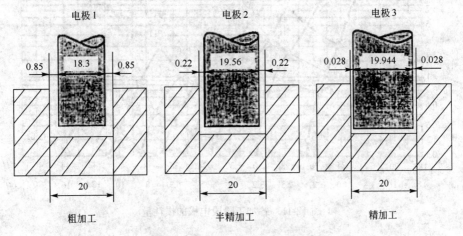

图 12-9　各加工阶段的加工间隙

12.1.13　电极损耗

损耗是用百分比表示的。

损耗（%）=电极损失体积/工件损失体积

图 12-10 所示为电极的损耗和工件上遗留的未蚀除量之间的关系。

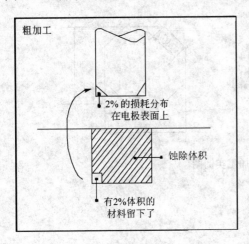 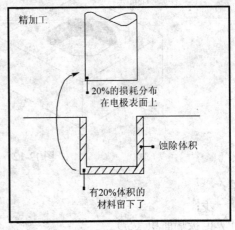

图 12-10　电极的损耗

从图 12-11 上可按所选规准查到它的相对损耗值。

精加工损耗百分比较高，但蚀除量不大，总的精加工电极损耗值并不大。

钢加工损耗实例：

CHe=40（Ra 10）　　　P11　A10　　　0.25%

CHt=32（Ra 4）　　　P7　A8　　　0.45%

CHf=24（Ra 1.62）　　P5　A5　　　3%

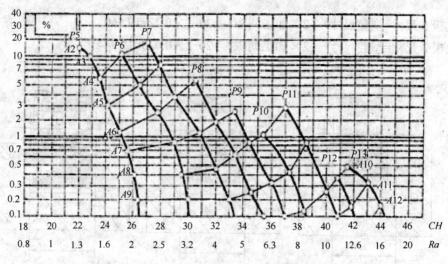

图 12-11 各加工阶段电极的损耗量

12.2 加工实例

例 要求（如图 12-12）：加工表面最终表面粗糙度为 CHf:22(Ra1.26)，工件材料：钢。加工电极：紫铜。冲洗方式：侧冲。粗加工应选电极低损耗。试确定加工规准及各步骤的加工深度。

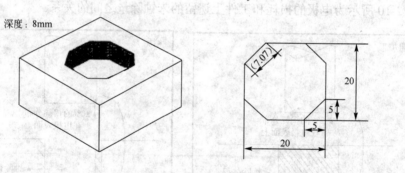

图 12-12 加工实例图

解：
第一步：
计算电极端面积（Sf）
$Sf=(20×20)-(5×5×2)=350 mm^2=3.5 cm^2$
第二步：
选择粗加工规准（CHe）
从表 12-7 中查得，考虑电极为低损耗时应选定 CHe 为 $CH44$。
第三步：
计算总加工面积（St）
$St=Sf+$侧面积
侧面积$=[（4×7）+（4×10）]×8=544 mm^2=5.44 cm^2$
$St=3.5+5.44=8.94 cm^2$

表 12-7 粗加工规准

Sf/cm²	≥6	4	3	2.5	2	1.5	1	0.5	<0.5	
CHe	44	42	40	38	36	34	32	30	28	速度快
		44	42	40	38	36	34	32	30	两者兼顾
			44	42	40	38	36	34	32	损耗低

查表 12-8 得知，采用 CHf 22 没有超过极限值，验算通过。

表 12-8 CHf 极限值表

St/cm²	CHf_{min}
St<40	12
40<St≤75	14
75<St≤100	18
100<St≤300	22
300<St≤500	24
500<St≤1000	26
St>1000	30

第四步：
计算中间规准 CHt
三个电极必须满足 CHe-CHf>16 或 St>5 cm² 或 CHf<24
由 CHf 22<24
采用三个电极
CHt=(CHe+CHf)/2　　　CHt=(44+22)/2=33　　　取 CHt33(Ra4.5)

第五步：
确定加工间隙
如图 12-13 所示。

第六步：
按加工间隙决定电极收缩量；电极尺寸=型腔尺寸−（2×加工间隙），如图 12-14 所示。

第七步：
决定加工深度：
加工深度=型腔深-加工间隙
CHe44(Ra16)加工间隙=0.850mm，加工深度=8−0.850=7.150mm
CHt33(Ra4.5)加工间隙=0.225mm，加工深度=8−0.225=7.775mm
CHf22(Ra1.26)加工间隙=0.030mm，加工深度=8−0.030=7.970mm

第八步：
按所选定规准参数列表（表12-9）。开始加工。

表 12-9 加工规准参数表

加工参数	M	S	P	A	B	R	U	%F	%TL	%TR	深度
粗加工	L	+	13	12	10	2	9	4	4	4	7.150
半精加工	L	+	7	9	8	2	5	4	4	4	7.775
精加工	L	+	5	2	5	2	3	2	4	8	7.970

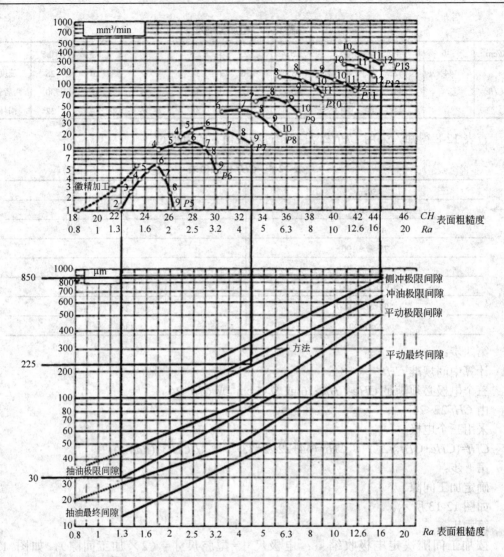

CHe44(Ra16)Gap=0.850mm
CHt33(Ra4.5)Gap=0.225mm
CHf22(Ra1.26)Gap=0.030mm

图 12-13　确定加工间隙

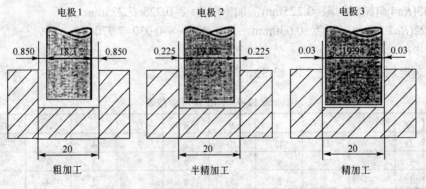

图 12-14　电极尺寸

复习思考题

12.1 简述 Sf、St、极限间隙、最终间隙的含义。

12.2 用电火花加工直壁型腔 16mm×16mm（深度：8mm），如图 12-15 所示。

要求：

CHf:22(Ra1.26)。工件材料：钢。电极：紫铜。冲洗方式：侧冲。粗加工应低损耗。求峰值电流、脉宽和加工间隙。

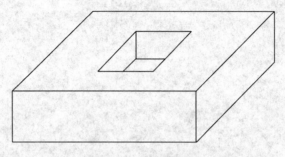

图 12-15 加工图例

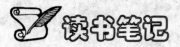

附　　录

附录1　指令字功能（部分）

指令字	功能	指令字	功能
ART	自动重启动	MOV	机床坐标系内绝对移动
ATH	重穿丝状态	MPA	工件坐标系内绝对移动
AUX	辅助M功能	MPR	工件坐标系内相对移动
AXO	机床坐标系原点偏移量	MVR	机床坐标系内相对移动
BLD	否认任选段（跳段）	OFS	选择偏移量表
BLK	一段一段执行（单段）	OSP	任选停止有效
CAL	按两孔中心找正	PAL	工件找正
CBC	一个命令一个命令执行	PCL	暂停时间计数器
CCF	调用一个命令子程序	PNT	选择点表
CEN	找孔中心	RAL	返回到垂直校正位置
CLE	引入辅助间隙	REX	选择规准
COE	带错继续	RLD	在规准表中装入规准
CPY	文件拷贝	ROT	工件坐标系绝对旋转
CRN	找工件角	RPA	返回到工件表面校直位置
CTR	机床坐标系下相对加工	RTC	暂停方式下原轨迹返回
CPA	工件坐标系下绝对加工	RTH	工件程序断丝后重新穿丝
CPR	工件坐标系下相对加工	RTOL	寻找和继续的定位精度
DEI	调节去离子浓度	RTR	工件坐标系相对旋转
DRP	修改图形页参数	SCF	缩放系数
DRS	显示图形页	SEP	点存储
DRW	执行工件程序画图	SIM	从加工转换到模拟
EAI	接收外部故障有效	SMA	更新机床坐标
EAO	遥控警报有效	SPA	更新工件坐标
ECY	外部信号"执行有效"	SPG	执行工件程序
EDG	找边	STP	暂停执行命令程序
EDP	在工件坐标系下找边	SWA	存储电极丝校正位置（手动）
ENG	选择单位	TEC	选择规准表
ESP	接收外部暂停信号有效	TEM	调节电解液温度
ESR	接收外部启动信号有效	TFE	偏移有效
EXC	外部定中心	THD	穿丝
GAJ	导向器调试	TOF	偏移量表中装入偏移量
GME	导向器测量	TRE	锥度有效
GOH	移动Z轴，定位喷嘴	TSIM	模拟穿丝
GOP	移动到记忆点	WAL	电极丝垂直校正

指令字	功能	指令字	功能
HPA	装入工件高度	WCT	剪丝
LOOP	重复命令程序	WIR	选择丝准备表
MFF	降低加工频率	WPA	在工件表面丝校直功能
MID	在两个平行面内找中心	ZCL	时间计数器清零
MIR	镜像		

附录2 G代码功能

代码	含义	强制功能	模态功能
G00	不加工时快速移动		○
G01	直线插补	○	○
G02	圆弧插补（顺时针）		○
G03	圆弧插补（逆时针）		○
G04	暂停		
G27	常态模式（取消G28，G29，G30，G32的方式）		○
G28	拐角为恒定斜度的轴回转式斜度切割方式		○
G29	拐角为尖角的斜度切割方式		○
G30	拐角为恒定半径的（过渡圆弧）斜度切割方式		○
G32	使用和定义扭转方式		○
G38	在线段开始加工时改变偏移和/或斜度命令		
G39	在线段结束加工时改变偏移和/或斜度命令		
G40	取消偏移	○	○
G41	左偏移		○
G42	右偏移		○
G43	带符号的偏移		○
G45	撤消外角倒圆	○	○
G46	在偏移路径上，自动地对外角进行倒圆		○
G48	在使用废料去除装置时形成支撑小段入口处的倾斜		
G49	在使用废料去除装置时形成支撑小段出口处的倾斜		
G60	建立拐角对策（尖角及小圆半径拐角）		○
G61	不使用拐角对策（尖角及小圆半径拐角）	○	○
G62	外部插补开始		○
G63	外部插补结束	○	○
G64	根据丝倾斜角度自动调整偏移值		
G65	解除自动调整偏移值（取消G64）		
G70	英寸数据输入方式		○
G71	毫米数据输入方式		○
G90	绝对坐标输入方式	○	○
G91	相对坐标输入方式		
G92	坐标原点数据		

附录 3　M 功能

代码	含义	代码	含义
M00	停止	M42	丝进给停止
M01	有条件停止	M43	上下冲水关闭
M02	程序结束	M44	张力取消
M06	打开穿丝水柱	M50	剪丝
M07	上导电块退回	M59	断丝准备
M14	重穿丝模块初始化	M60	穿丝
M15	锥度编程模式	M68	关闭循环泵
M16	关闭穿丝水柱	M69	启动循环泵
M17	上导电块伸出	M70	返回功能
M23	拐角策略保护取消	M71	切割过程中信号激活
M24	拐角策略保护	M73	信号永远激活
M27	线保护取消	M74	信号永不激活
M28	线的一级保护	M80	转入加工状态
M29	线的二级保护	M82	丝进给
M30	程序结束并光标返回	M83	上高压冲水打开
M31	时间复位	M84	加张力
M32	监控水的离子度	M86	下高压冲水打开
M33	监控水温	M95	脉冲输出功能
M34	加工水箱上水	M96	镜像复制切割结束
M35	放水	M97	镜像复制切割
M36	强制水位打开	M98	调用子程序
M37	强制水位关闭	M99	调用子程序结束
M40	空运行	M101 to M158	辅助 M 功能

参 考 文 献

[1] 赵万生,刘晋春. 电火花加工技术. 哈尔滨:哈尔滨工业大学出版社,2000.
[2] 刘晋春,赵家齐. 特种加工. 第3版. 北京:机械工业出版社,1999.
[3] 陈前亮. 数控线切割操作工技能鉴定考核培训教程. 北京:机械工业出版社,2006.
[4] 康亚鹏. 电火花线切割编程技术. 北京:人民邮电出版社,2003.
[5] 段传林. 数控线切割操作入门.合肥:安徽科学技术出版社,2008.
[6] 单岩,夏天. 数控线切割加工. 北京:机械工业出版社,2004
[7] 朱根元,於星. 电加工. 北京:化学工业出版社,2008.